ILKA STEHN

Zirzensik — Yoga fürs Pferd

MUSKULÄRE ZUSAMMENHÄNGE VERSTEHEN
TRAGKRAFT GEZIELT FÖRDERN

KOSMOS

Inhalt

BEVOR WIR STARTEN

Vorab möchte ich mich für die großartige Unterstützung beim Erarbeiten dieses Buches bedanken bei:

— Julia van Loo für die professionellen Fotos
— Felizitas Dengs für die tierärztliche Expertise zur Muskulatur
— S. Rose Charvat für die Zeichnungen der Muskulatur

Die Zirzensik ist ein wunderbarer Ausbildungsbereich für jedes Pferd, von jung bis alt, von groß bis klein, von dick bis dünn und für jede Rasse geeignet. Sie bietet neben viel Spaß auch eine Alternative zum alltäglichen Training, schöne Motive für Fotografien etc. und ähnlich wie Yoga für Menschen, mentale Stärkung und körperliche Dehnung sowie Gleichgewichtsschulung.

Während des Erarbeitens der verschiedenen Lektionen wirst du feststellen, dass mehr Vertrauen zwischen dir und deinem Pferd entsteht und die Bindung intensiver wird. Die Motivation für eine Zusammenarbeit, auch in anderen Trainingsbereichen, wird deutlich gesteigert. Diese Arbeit lohnt sich also im Besonderen für unsichere und traumatisierte Pferde, sowie bei schwierigen Pferden, die in der sonstigen Arbeit Widersetzlichkeiten zeigen. Natürlich profitiert jedes Pferd von der zirzensischen Arbeit, auch wenn das Verhältnis zwischen Pferd und Mensch bereits optimal ist. Pferd und Mensch können sich in dieser Arbeit von einer ganz neuen Seite kennenlernen.

Ich habe bereits vor fast dreißig Jahren angefangen, Zirzensik in mein tägliches Training mit einzubauen und schnell meine Leidenschaft für diesen Teil der Zusammenarbeit mit den Pferden gefunden. Wo meine sonstige Arbeit mit den Pferden auf Leistungsfähigkeit und -bereitschaft ausgelegt ist, geht es in der Zirzensik nur darum, Spaß zu haben. Und zwar sowohl für den Mensch, als auch für das Pferd. Manche Pferde erlernen die eine oder andere Lektion schneller oder langsamer oder auch gar nicht. In der Zirzensik ist es definitiv erlaubt, etwas nicht zu können oder zu wollen. Es ist nicht wichtig für die anderen Bereiche der Ausbildung,

Jedes Pferd profitiert von Zirkusarbeit – und es macht beiden Spaß.

Steigen ist ein echter Hingucker!

ob Zirkuslektionen beherrscht werden oder nicht. Aber es macht immer Freude und kann sich überaus positiv auswirken.
Mein Buch erklärt die einzelnen Lektionen weitestgehend unabhängig voneinander, sodass jede Lektion separat erarbeitet werden kann und das Pferd sich verweigern darf, ohne das Training ganz aufgeben zu müssen. Oft erlebe ich, dass Pferde, die eine bestimmte Lektion einfach nicht erlernen möchten, diese zu einem späteren Zeitpunkt gern machen, wenn vorab andere Lektionen erarbeitet werden.
Mein Wunsch ist, die Freude an der Zirzensik zu vermitteln und den Mehrwert zu zeigen. Hierfür ist es wichtig, immer geduldig zu bleiben. Jedes Pferd lernt individuell. Erfahrungsgemäß gibt es immer einige Lektionen, die ein Pferd lieber und schneller erlernt als andere. Es lohnt sich in jedem Fall dranzubleiben, auch wenn die Pferde keine Reaktion zeigen oder eine Reaktion längere Zeit auf sich warten lässt. Bleibe bei dem beschriebenen Ablauf.
Ich habe in über 25 Jahren Zirzensik-Training unheimlich viele Pferde kennengelernt, die alle unterschiedlich waren. Menschen allerdings machen in erster Linie einen Fehler: Sie haben keine Geduld. Der schnellste Weg, die einzelnen Einheiten zu erarbeiten, sind kurze Einheiten vor und/oder nach dem Reiten (bzw. Longieren, Fahren, Putzen, usw.). Gehe immer davon aus, dass du erst morgen den gewünschten Erfolg haben wirst. Dann wirst du am schnellsten zum Ziel kommen.

Pferde müssen beim Erlernen der Zirzensik-Lektionen unheimlich viel nachdenken. Dafür benötigen sie Zeit. Wenn man ihnen die Zeit zum Nachdenken nicht lässt, kann man schnell den Spaß an der Sache an sich verderben. 90 % aller Pferde in meinen Kursen kommen irgendwann an den Punkt, an dem sie nur noch mit völlig entspannter Miene dastehen und man regelrecht sehen kann, wie sie nachdenken. Je schwieriger und komplizierter eine Lektion ist, desto länger müssen die Denkpausen sein. Welche Lektion von dem jeweiligen Pferd als schwierig definiert wird, ist allerdings unterschiedlich.

So ein Kurstag ist also eine mächtige Herausforderung für ein Pferdegehirn, weshalb ich meinen Kursteilnehmer*innen immer sage, dass sie nach einem Kurs wenigstens eine ganze Woche überhaupt nicht üben sollen. Nach einer längeren Pause, in der das Erlernte verarbeitet werden kann, gelingen die Lektionen immer deutlich besser, als wenn man sie täglich übt.

Zur Motivation nutze ich immer Leckerlis bzw. Möhren, die in der Länge geviertelt sind (ich nenne sie „Längsmöhrchen“). Diese sind für alle Lektionen nutzbar, da sie von sehr klein geschnittenen Stückchen bis lang und dünn variabel sind. Alternativ sind normale Leckerlis in verschiedenen Geschmacksrichtungen und Größen aus dem Handel zu empfehlen. Für Pferde, die keine Leckerlis fressen dürfen, tun es auch Heucobs, die

Die Tricks können alle Pferde lernen – von groß bis klein.

man nicht einweichen muss oder z. B. Hagebutten. Wenn dein Pferd gar keine Leckerlis bekommt, wirst du in jedem Fall einen Weg haben, um zu loben. Vielleicht durch Klickern oder ein bestimmtes Wort. Dies kann genau wie ein Leckerli eingesetzt werden.
Je besser eine Lektion verstanden wird, desto weniger Futterlob gibt es dafür. Wenn sie ganz verstanden wurde, können auch mehrere Lektionen abgefragt werden, bevor gefüttert wird. Dies erhält die Motivation und lässt die Pferde auch eigene Ideen in die Arbeit einbringen.
Eine sehr wichtige Grundregel bei der Zirzensik gilt für jede Lektion:
Kein Pferd wird zu etwas gezwungen, geschweige denn werden Schmerzen zugefügt.

Dies gilt selbstverständlich für den Menschen gegenüber seinem Pferd. ABER auch für das Pferd gegenüber dem Menschen. Wer beißt, tritt, rempelt oder übermäßig hektisch wird, wird in seinem Verhalten korrigiert bzw. wird so nicht weiter geübt. Hier ist die „Strafe“ das Ende der Zusammenarbeit, bis das Pferd sein Verhalten wieder in eine positive Zusammenarbeit ändert. Beinlongen gehören NICHT ans Pferd, sondern in den Müll. Eine Gerte wird nur für den Spanischen Schritt und das Steigen benötigt, niemals für eine Strafe. Für alle anderen Lektionen bleibt das Ding bitte im Schrank.
Hektiker beruhigen sich z. B. recht schnell, wenn man anfängt, selber zeitlupenartig weiter zu trainieren. Sollte dein Pferd sich dennoch nicht beruhigen, unterbricht man die Übung vorerst und wartet etwas ab. Auf diese Weise kann dein Pferd bei der Zirzensik lernen, dass es sich lohnt, sich selber zu regulieren.
Und dies ist nur ein Beispiel, wie die Arbeit an Zirzensik-Lektionen dir und deinem Pferd auch in anderen Situationen helfen kann.
Die muskulären Zusammenhänge der einzelnen Lektionen erklären dir zudem, mit welchem Trick du die Schwachstellen deines Pferdes, ergänzend zur täglichen Arbeit, effektiv trainieren, dehnen und stärken kannst, welche Tricks keinen nennenswerten Einfluss auf den Pferdekörper haben bis hin zu Tricks, die den gesamten Körper beanspruchen. Die zugehörigen Zeichnungen sollen dir optisch helfen, die hauptsächlich involvierte Muskulatur schnell zu erkennen. Und für die „Leute vom Fach“ findet ihr auch eine Liste der entsprechenden Muskeln unter diesen Bildern.
Nun wünsche ich allen Leser*innen viel Freude beim Üben und Erarbeiten der Lektionen.

Eure Ilka Stehn

TRICKS OHNE KÖRPERLICHE ANSTRENGUNG

PRE-Wallach Incoloro sagt: „Nein!"

DAS „NEIN-SAGEN"

Benötigte Utensilien: kleinere Leckerlis

Die folgenden Zirzensik-Tricks können im Stand und ohne jede körperliche Anstrengung für das Pferd erarbeitet werden. Sie eignen sich ideal für Pferde, die körperlich grundsätzlich oder temporär nur bedingt belastbar sind.

Solche Situationen können z. B. während einer Krankheitsphase oder im höheren Alter auftreten. Dann ist man dankbar für so eine Beschäftigungsmöglichkeit. Aber auch für zwischendurch und nebenbei sind diese Übungen einfach ein Spaß im Alltag. Diese Tricks sind alle leicht zu erlernen und bedürfen keiner besonderen Fähigkeiten für das Pferd oder den Menschen. Man kann sie auch prima für kleinere Auftritte nutzen.

Fingerwackeln zum „Nein" mit Shetty-Wallach Chili.

Das „Nein-Sagen" ist recht schnell zu erlernen, wenn man ruhig arbeitet. Außerdem ist es für diese Übung sehr gut, wenn die Pferde sich nicht gern an die Ohren fassen lassen.

SO GEHST DU VOR

Um ein Kopfschütteln, also „Nein-Sagen", auszulösen, machen wir uns den Ohrreflex zu Nutze. Wichtig ist, dass wir nur einen Reflex im Ohr auslösen und nicht häufiger ins Ohr fassen wollen. Das Kommando zum „Nein-Sagen" (Zeigefinger wackeln) muss also 90 % dieser Übung ausmachen, nicht das Bedürfnis, das Ohr des Pferdes anzufassen.

Überlege dir zuerst, welches Sprachkommando du nutzen möchtest. Den Pferden ist es völlig egal, ob du „nein", „nö", „nej", „no", „schüttel" oder vielleicht „Fensterbank" sagst. Es muss nur gleichbleibend sein. Nimm dir ein Leckerli in die Hand und wackle mit dem Zeigefinger auf Höhe des Ohres, das du nutzen möchtest, um den Reflex auszulösen und sag dein Wort dazu.

Greife nun mit dieser Hand sanft um die Ohrmuschel deines Pferdes. Nun führst du vorsichtig deinen Zeigefinger innen an der Ohrmuschel entlang Richtung Gehörgang. Zieht dein Pferd das Ohr weg, wackle

01

02

01 – 02
Finger im Ohr, rausnehmen und sofort wieder wackeln.

sofort wieder mit dem Finger und sage dein Sprachkommando. Wird der Kopf geschüttelt, gibt es das erste Leckerli.
Wenn der Kopf noch nicht gewackelt wurde, wiederhole dieses Vorgehen. Wenn du Gelegenheit hast, die Haare im Ohr etwas „durcheinander“ zu bringen, hilft das bei Pferden, die unempfindlich im Ohr sind oder dies sogar genießen.
Sobald das Pferd den Kopf schüttelt, bekommt es den Keks und ein Lob.

Wiederhole das Wackeln mit dem Zeigefinger oft und lange. Löse den Reflex im Ohr nur dann noch einmal aus, wenn dein Pferd unaufmerksam wird oder das Wackeln ignoriert. Je mehr Geduld du hast, auf das Schütteln des Kopfes zu warten, also je länger die Berührung des Ohres vom Schütteln des Kopfes entfernt ist, desto schneller kann dein Pferd verstehen, dass du eigentlich nicht in das Ohr möchtest, sondern das Schütteln des Kopfes auf dein Sprach- und Sichtkommando erfolgen soll.
Wenn das Pferd sehr empfindlich auf die Berührung im Ohr reagiert, reicht oft schon die „Androhung“, die Berührung zu wiederholen, um das Schütteln des Kopfes zu erhalten. Manche Pferde lernen diese Lektion bereits nach der ersten Berührung. In der Regel bedarf es aber etwa vier bis acht Wiederholungen, bis das Pferd begreift, wie es an das Leckerli kommt.
Das Wichtigste ist, dass du die Geduld aufbringst, nicht erneut ans Ohr zu gehen, um deinem Pferd die Gelegenheit zu geben, ohne Hilfe den Kopf zu schütteln. Wir wollen dem Pferd beibringen, „Nein“ zu sagen, nicht dass wir ihm ins Ohr fassen dürfen.

MUSKULÄRE ZUSAMMENHÄNGE

Muskulär ist das „Nein-Sagen“ eher uninteressant. Die Schüttelbewegung des Schädels ist eine natürliche und alltägliche Bewegung für jedes Pferd, weshalb hier weder Muskulatur trainiert wird, die sonst nicht unbedingt Anwendung findet, noch entsteht Dehnung oder Anspannung. Das „Nein“-Sagen kann bei Verspannungen im Nacken und oberen Hals helfen, diese im Zusammenhang mit gutem Training zu lösen. Insgesamt bleibt diese Übung aber mehr ein Spaß als ein Training.

DAS „JA-SAGEN"

SO GEHST DU VOR

Man beginnt das „Ja-Sagen", indem man in beide Hände ein Leckerli nimmt. Das Sprachkommando kann z. B. „ja" oder „yes" sein. Sage dein Sprachkommando während dieser Übung möglichst häufig, um von Beginn an die verbale Verknüpfung herzustellen.
Die eine Hand wird vor die Brust des Pferdes gehalten, die andere hoch, vor den Kopf. Zeige deinem Pferd das Leckerli in der oberen Hand, damit es weiß, dass auch in der zweiten Hand ein Leckerli ist. Nun zeigst du deinem Pferd das Leckerli in der unteren Hand und lockst den Kopf Richtung Brust. Sage dabei dein Sprachkommando häufig. Sobald der Kopf an der Brust war, gib das Leckerli aus der oberen Hand.

Dein Pferd soll lernen, dass es auf die Berührung an der Brust, bzw. anfangs am Kinn, den Kopf runternehmen soll, um sich dafür aus der oberen Hand ein Leckerli abzuholen. Die Verbindung mit dem Sprachkommando ist hierbei besonders wichtig, denn das Wort (z. B. Ja) soll schon ein Verständnis erzeugen, dass erst der Kopf zur Brust soll, um dann ein Leckerli aus der oberen Hand zu bekommen.
Sobald die Verknüpfung des Sprachkommandos mit der Kopfbewegung Richtung Brust hergestellt ist, kann man anfangen, diese Bewegung zwei Mal abzufragen, bevor

Benötigte Utensilien: kleinere Leckerlis

01 – 02
Europäischer Appaloosa Pony-Wallach Pepsi sagt: „Ja!"

01

02

01

02

es oben ein Leckerli bekommt. Schon hat man eine „Ja"-Bewegung beigebracht.

WENN ES NICHT KLAPPT

Sollte dein Pferd Schwierigkeiten haben, die Kopfbewegung nach unten zu verstehen, gib anfangs auch ein Leckerli an der Brust. Manche Pferde sind so fokussiert auf die obere Hand, dass die Bewegung nach unten vermieden wird. In diesem Fall macht es Sinn, auch für die Bewegung nach unten ein Leckerli zu erhalten. In der Regel ist die Übung leichter zu erlernen, wenn die Belohnung oben gegeben wird, nachdem dein Pferd den Kopf in Richtung Brust genommen hat.
Vermeide, die obere Hand zu dir heran zu ziehen, damit das „Ja-Sagen" keine schräge Halsbewegung wird. Zieh deine Hand auch nicht hinter deinen Rücken, um den Fokus auf die untere Hand zu verstärken. Die Verbindung zur oberen Hand macht am Ende die Bewegung des Halses aus. Lass dein Pferd gern versuchen, aus der oberen Hand das Leckerli zu nehmen und zu lernen, dass es dies nur gibt, wenn der Kopf vorher zur Brust genommen wurde. Auch hier zahlt sich Geduld schnell aus.

03

04

01 – 04 Shetty-Wallach Chili lernt schrittweise das Ja-Sagen.

MUSKULÄRE ZUSAMMENHÄNGE

Die gesamte Hals- und Rückenmuskulatur wird für diese Kopfbewegung intensiv genutzt. Die Halswirbelsäule wird gestreckt und komprimiert. Da es sich auch hierbei um sehr natürliche Bewegungen handelt, die jedes Pferd fast täglich ausführt, hat sie keinen nennenswerten Trainingseffekt. Auch ein Muskelaufbau ist nicht zu erwarten. Wird das „Ja-Sagen" allerdings zu häufig und zu lange gefordert, kann dadurch die Nacken- und Halsmuskulatur beansprucht werden. Punktuell abgefragt ist es einfach ein witziger Trick.

BETEILIGTE MUSKELGRUPPEN

- ① **Arm-Kopfmuskel** *(M. brachiocephalicus)*
- ② **Halshautmuskel** *(M. cutaneus colli)*
- ③ **Schulter-Querfortsatzmuskel** *(M. omotransversarius)*
- ④ **Brustbein-Kopfmuskel** *(M. sternocephalicus)*
- Riemenmuskel *(M. splenius cervicis)*
- Halbdornfortsatzmuskel *(M. semispinalis capitis)*
- Strecker- und Dreher des Kopfes *(M. obliquus capitis cranialis)*
- Großer Kopfheber *(M. rectus capitis dorsalis major)*
- Kleiner Kopfheber *(M. r. c. d. minor)*
- Ventraler Beuger des Atlantookzipitalgelenks *(M. r. c. ventralis)*
- Seitlicher Beuger des AG, Dreher des Kopfes *(M. r. c. lateralis)*

01

02

UMARMEN

Benötigte Utensilien: lange, dünne Möhren oder Leckerlis

Beim „Umarmen" soll das Pferd seinen Hals um den Menschen legen, wenn dieser das Pferd, an der Schulter stehend, in den Arm nimmt. So entsteht der Eindruck einer gegenseitigen Umarmung. Obwohl dieser Trick keine körperliche Herausforderung darstellt, wird beim Umarmen die Halsmuskulatur seitlich gedehnt. Pferde mit z. B. Halswirbelsäulenarthrose vom 1. bis 5. Halswirbel sollten diese Lektion nicht unbedingt erlernen oder in deutlich abgeschwächter Form. Der 6. und 7. Halswirbel und die gesamte Brust- und Lendenwirbelsäule werden nicht signifikant involviert.

SO GEHST DU VOR

Stell dich neben die Schulter deines Pferdes und lege die eine Hand um die Brust, deinen Kopf gegen das Schulterblatt und locke nun den Kopf deines Pferdes mit einer längeren Möhre (um den Arm nicht so sehr strecken zu müssen) hinter deinem Rücken um dich herum. Lass es von der Möhre abbeißen und schau durch Locken mit der Möhre, wie weit dein Pferd um dich herumkommt. Je weiter, desto effektiver ist dieser Trick.

Das Lernziel soll sein, dass dein Pferd selbstständig den Kopf um deinen Körper legt, sobald du dich an die Schulter lehnst und den Arm um die Brust legst. Du wirst merken, dass dies mit Möhrchen sehr leicht ist. Damit ein besserer optischer Effekt entsteht, kannst du immer später das Möhrchen abbeißen lassen und am Ende erst füttern, wenn dein Pferd eine Weile ruhig, mit dem Hals um dich geschlungen, stehen geblieben ist.
Hat dein Pferd einen verhältnismäßig langen oder kurzen Hals, kann es sein, dass die Übung optisch nicht optimal wirkt. Spaß machen tut sie dennoch.
Bitte arbeite bei dieser Übung immer in beide Richtungen, um den Hals beidseitig zu bewegen.

03

01 – 03
Der Kopf wird mit dem Möhrchen gelockt.

MUSKULÄRE ZUSAMMENHÄNGE

Bei der Umarmung wird die gesamte Hals- und Nackenmuskulatur seitlich gedehnt. Die Schulter- und Rückenmuskulatur wird dabei wenig bis gar nicht beansprucht. Auch der Rücken wird beim Umarmen nicht nennenswert gespannt oder gedehnt. Für Pferde, die z. B. eine Halswirbelsäulenarthrose haben, rate ich von dieser Übung ab. Für gesunde Pferde kann das Umarmen aber helfen, Verspannungen, die sich direkt um die Halswirbelsäule befinden, durch Dehnung zu lösen. So einfach dieser Trick also ist, so wertvoll kann er auch sein.

BETEILIGTE MUSKELGRUPPEN
- ① Arm-Kopfmuskel *(M. brachiocephalicus)*
- ② Halshautmuskel *(M. cutaneus colli)*
- ③ Halbdornfortsatzmuskel und Riemenmuskel *(M. splenius cervicis und M. splenius capitis)*
- ④ Schulter-Wirbelquerfortsatzmuskel *(M. omotransversarius)*

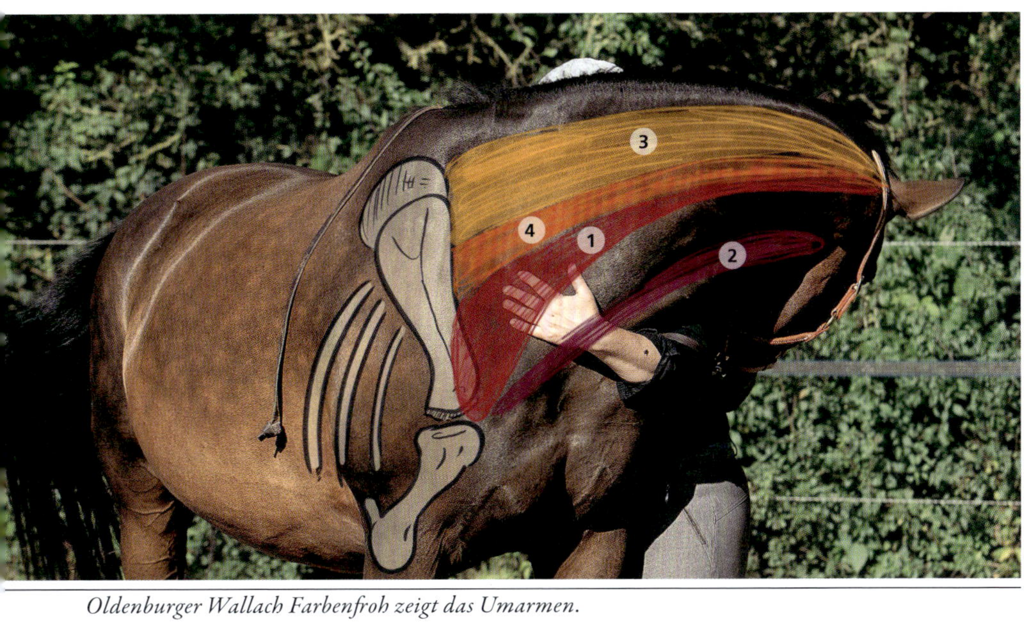

Oldenburger Wallach Farbenfroh zeigt das Umarmen.

SMILE

Benötigte Utensilien: Leckerlis

Beim „Smile“ lernt das Pferd auf Kommando zu flehmen. Auch diese Übung ist einfach zu erlernen, wenn du das korrekte Timing beachtest.
Am leichtesten bringst du deinem Pferd das Smile bei, wenn es hinter einem Hindernis wie einem Zaun oder einer Boxentür steht, damit es nicht vorwärtslaufen kann. Natürlich geht es auch ohne Hindernis, dann darfst du aber nicht rückwärtslaufen.

SO GEHST DU VOR

Nimm dir ein Leckerli, das am besten gut riecht und halte es deinem Pferd zwischen die Lippen. Locke jetzt den Kopf so weit nach oben, wie möglich. Du möchtest, dass dein Pferd mit der Oberlippe versucht, das Leckerli zu nehmen. Halte es also gut fest und entferne es langsam immer weiter von den Lippen. Vielen Pferden hilft es, die Oberlippe immer mal mit dem Leckerli anzutippen, um ein besseres Anheben zu erreichen. Zu Anfang wird dein Pferd versuchen, dir mit dem Kopf oder dem ganzen Körper zu folgen, um deine Hand weiter berühren zu können. Du gibst das Leckerli aber nur aktiv, wenn dein Pferd beim Versuch, das Leckerli mit der Oberlippe zu nehmen, versehentlich das Leckerli nicht berührt.
Dein Pferd soll lernen, dass es sehr wohl mit der Oberlippe nach dem Leckerli greifen, dieses aber nicht berühren soll. Um daraus ein richtiges Smile zu entwickeln, versuche deinem Pferd begreiflich zu machen, dass es die Oberlippe möglichst lange oben lassen soll, um an das Leckerli zu gelangen.

01

02

Oldenburger Wallach Farbenfroh zeigt sein Smile.

MUSKULÄRE ZUSAMMENHÄNGE

Im Smile wird vor allem der Unterhals gedehnt, die Ganasche geöffnet und die Halswirbelsäule gestreckt. Dieser Trick ist also besonders für Pferde wertvoll, die eine verspannte Unterhalsmuskulatur haben. Das Flehmen bzw. Smile ist eine völlig natürliche Körperhaltung, wird aber in der Regel nur von Hengsten und Wallachen auch im Alltag gezeigt. Dennoch lernen auch Stuten diesen lustigen Trick sehr leicht.

03

BETEILIGTE MUSKELGRUPPEN

- Arm-Kopfmuskel *(M. brachiocephalicus)*
- Halshautmuskel *(M. cutaneus colli)*
- Halbdornfortsatzmuskel und Riemenmuskel *(M. splenius cervicis und M. semispinalis capitis)*
- Halsheber *(M. longissimus cervicis)*
- Oberlippenheber *(M. levator nasolabialis und M. levator labii superioris)*

01 Kopf hochlocken

02 Oberlippe heben

03 Smile mit Berührung

Oldenburger Wallach Farbenfroh zeigt hier sein Step.

STEP

Das „Step“ ist eine besondere Übung, da sie zwar leicht zu erlernen ist und wenig körperliche Anstrengung verursacht, aber dennoch zur Mobilisierung der Schulter und zur Gleichgewichtsfindung beiträgt. Sie kann von sehr jungen bis sehr alten Pferden gleichermaßen umgesetzt werden. Und sogar, wenn z. B. eine Arthrose o. Ä. vorhanden ist. Diese Lektion wird recht ruhig und zu Beginn sehr langsam erarbeitet. Sie ist nicht anstrengend, aber schon etwas anspruchsvoller als die vorangegangenen Übungen.

VIER BEWEGUNGEN MÜSSEN IN ABFOLGE ERLERNT WERDEN:

1. Rechtes Bein nach rechts öffnen
2. Linkes Bein nach rechts schließen (später kreuzen)
3. Linkes Bein nach links öffnen
4. Rechtes Bein nach links schließen (später kreuzen)

Benötigte Utensilien: kleine Leckerlis, Halfter

Ich sage immer gern „auf“-„step“, „auf“-„step“ und mache die gleiche Bewegung mit meinen Beinen. Es ist wichtig bei dieser Übung, die Bewegung frühzeitig zu unterbrechen, damit nach dem Schließen bzw. Übertreten die Bewegungsrichtung gewechselt werden

1. Beine kreuzen nach links

2. Beine öffnen nach rechts

kann und nicht in die gleiche Richtung weitergearbeitet wird. Die Schwierigkeit ist also, von einer sehr langsamen Bewegung zu einer recht kurzen und schnellen Bewegung zu wechseln.

SO GEHST DU VOR

Zu Anfang stellst du dein Pferd längsseits der Bande (oder einer anderen begrenzenden Wand) auf und stellst dich neben die Schulter. Die Bande verhindert, dass das Pferd eine Ausweichbewegung mit der Hinterhand macht.
Mit der Hand, die näher am Pferd ist, fasst du ganz locker ans Halfter, in der anderen wird ein Leckerli vorbereitet. Nun bewegst du den Kopf deines Pferdes möglichst langsam in deine Richtung, um eine Gewichtsverlagerung auf den Vorderbeinen zu provozieren. Der Wunsch ist, dass dein Pferd nur mit seinem einen Bein einen kleinen Schritt auf dich zumacht. Optimalerweise stehen die Vorderbeine dann breitbeinig auseinander. Dies ist die erste Bewegung, die gelobt wird.
Als nächstes wird diese Bewegung wiederholt. Diesmal soll aber das andere Bein auch einen Schritt auf dich zumachen. Anfangs solltest du dich hier mit der kleinsten Bewegung zufriedengeben. Denn je größer die Bewegung wird, desto schwieriger ist eine korrekte Ausführung. Idealerweise steht dein Pferd nun fast geschlossen mit den Vorderbeinen. Diese Position wird allerdings sofort

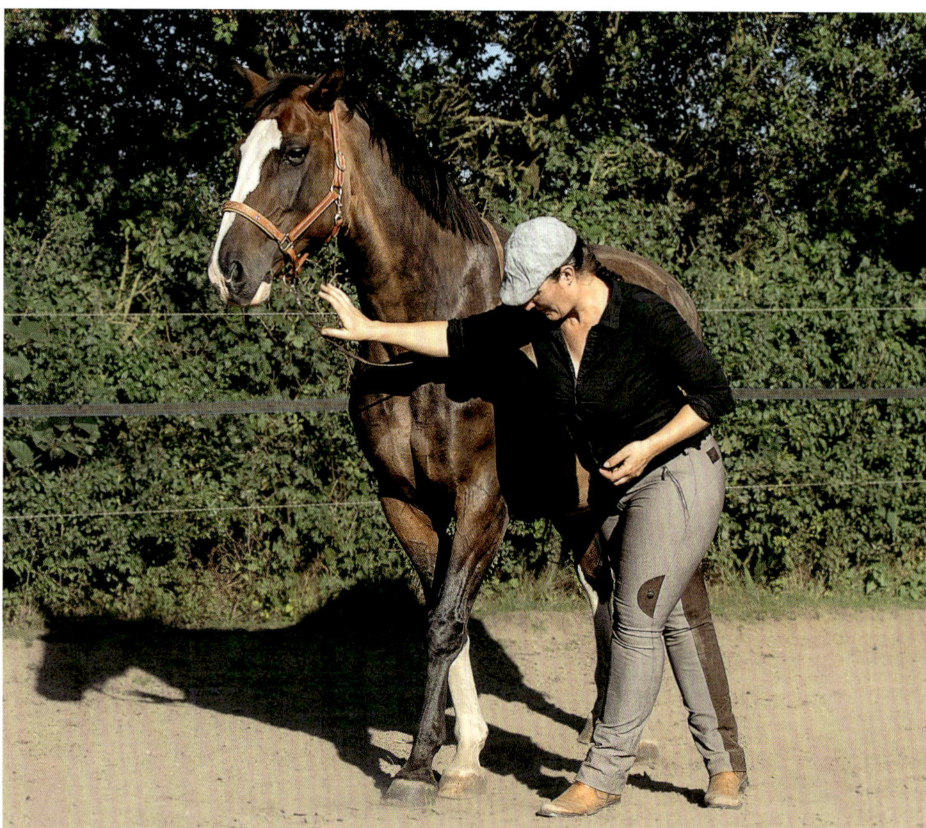

3. Beine kreuzen nach rechts

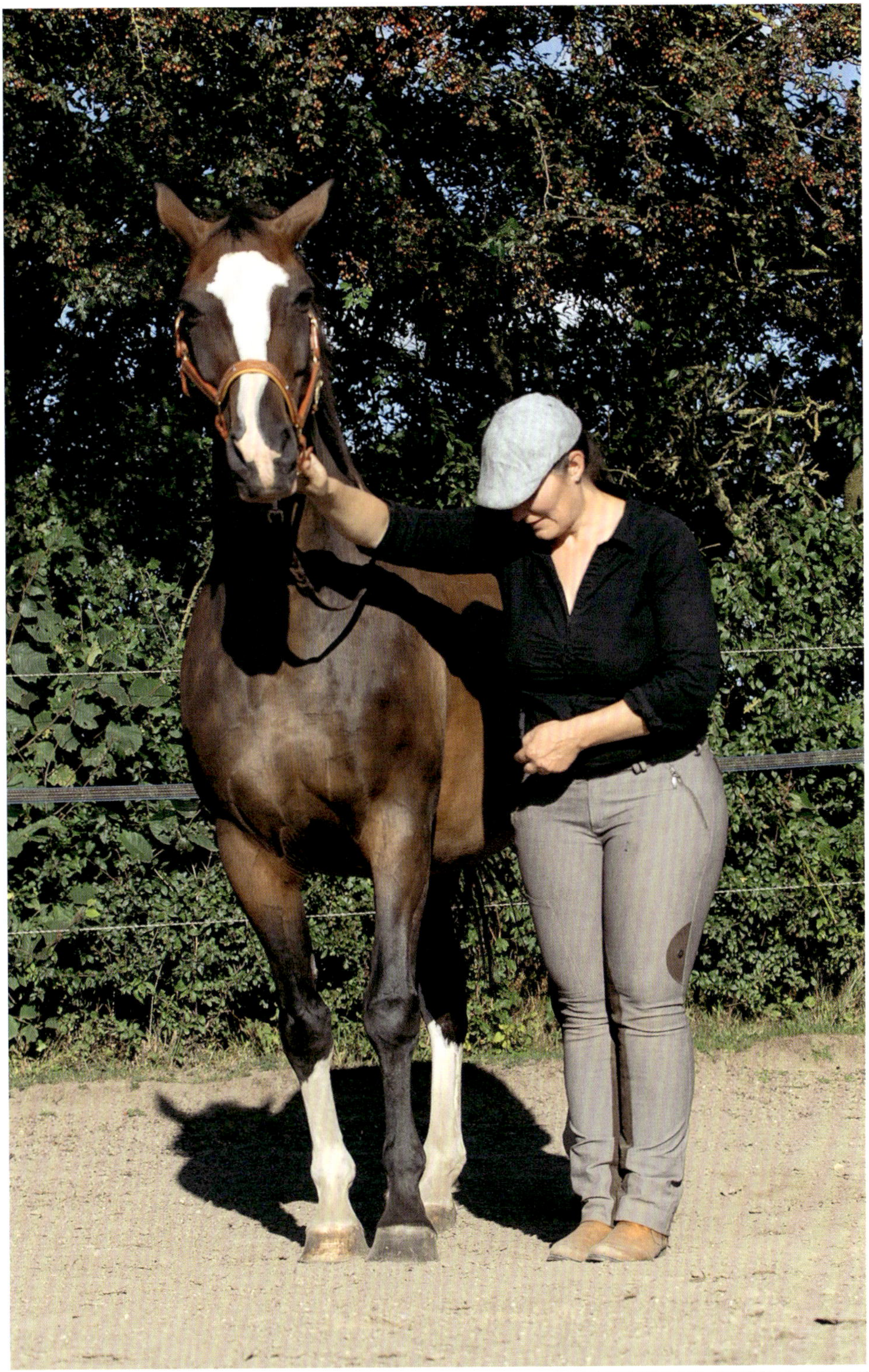

4. Beine geschlossen

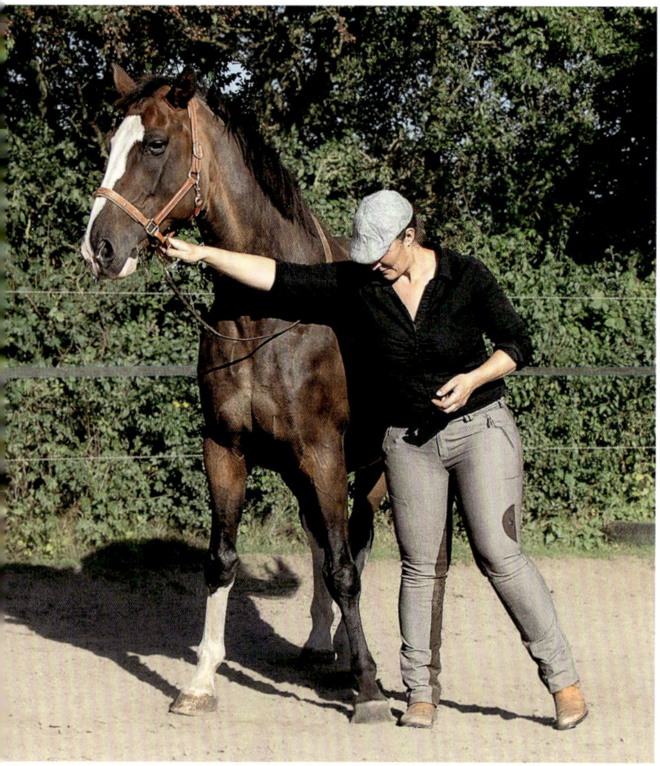

Kopf rechts schieben

Kopf links ziehen

wieder nach außen aufgelöst, da die meisten Pferde sonst einen weiteren Schritt auf dich zumachen, um wieder bequem stehen zu können. Gelobt und gefüttert wird das Step (Schließen) also während des erneuten Öffnens, nun nach außen.
Du wirst feststellen, dass das breitbeinige Aufstellen nicht problematisch ist, das enge Stehen oder sogar Kreuzen und Stehenbleiben dafür umso mehr. Für das Step (Schließen) nach außen schiebst du nun den Kopf sehr langsam Richtung Bande und wieder zurück, sobald das innere Vorderbein die kleinste Bewegung nach außen gemacht hat.

BEWEGUNGEN VERGRÖSSERN

Hat dein Pferd verstanden, dass es nur die Vorderbeine öffnen und schließen soll, kannst du anfangen, die Bewegungen zu vergrößern, bis dein Pferd beginnt, die Vorderbeine zu kreuzen. Sobald du merkst, dass du den Kopf deines Pferdes kaum noch schieben oder ziehen musst, um die Bewegung der Vorderbeine zu erhalten, kannst du das Halfter immer lockerer bis gar nicht mehr anfassen und entsprechend immer weniger helfen.
Sobald du diese Übung abrufen kannst, indem du neben deinem Pferd selber diese Bewegung zeigst, kannst du anfangen, das Step abzufragen, indem du dich vor dein Pferd stellst, damit es für den Zuschauer so aussieht, als würdet ihr miteinander tanzen. Das Tempo, in dem dein Pferd das Step zeigt, darfst du gern deinem Pferd überlassen. Je sicherer es mit dieser Bewegung wird, desto eher kannst du auch eine schnellere Bewegungsabfolge abfragen.

Die beteiligten Muskelgruppen beim Step von vorn.

MUSKULÄRE ZUSAMMENHÄNGE

Die Muskulatur des Brustbeins und der Schulterblätter werden in dieser Übung besonders gefordert, aber nicht zu stark beansprucht. Da das Schulterblatt bei Pferden keine knöcherne Verbindung zum Rumpf hat, wird beim Über-Schulter-breit-Hinstellen und Kreuzen der Vorderbeine eben diese Muskulatur gedehnt bzw. gespannt, was ihre Funktionalität verbessern kann. Diese Übung eignet sich also muskulär gesehen besonders für Pferde, die Schwierigkeiten mit dem Schultergürtel haben. Auch bei einer Trageerschöpfung ist das Step eine tolle Trainingsergänzung, da die verspannte Muskulatur gedehnt wird und dadurch eine bessere Funktionalität bekommt.

BETEILIGTE MUSKELGRUPPEN

- ① **Arm-Kopfmuskel** *(M. brachiocephalicus)*
- Unterschlüsselbeinmuskel *(M. subclavius)*
- ② **absteigender Brustmuskel** *(M. pectoralis descendens)*
- ③ **querverlaufender Brustmuskel** *(M. pectoralis transversus, auch M. p. descendens und M. p. superficialis)*
- Schulter-Zungenbeinmuskel *(M. omohyoideus)*
- Rabenschnabelarmmuskel *(M. coracobrachialis)*
- Unterschulterblattmuskel *(M. subscapularis)*
- Zweiköpfiger Armmuskel *(M. biceps brachii)*
- Übergrätenmuskel *(M. supraspinatus)*
- Breiter Rückenmuskel *(M. latissimus dorsi)*
- Rautenmuskel *(M. rhomboideus)*

Darf ich vorstellen:
FARBENFROH

Mein 16jähriger Oldenburger Wallach kommt aus einer kleinen Zucht direkt in Oldenburg. Ich nenne ihn schon immer Farbian oder Farbiano.

FARBENFROH
Oldenburger Wallach
V: Florencio
VV: Florestan
MV: Dream of Glory
MVV: Donnerhall

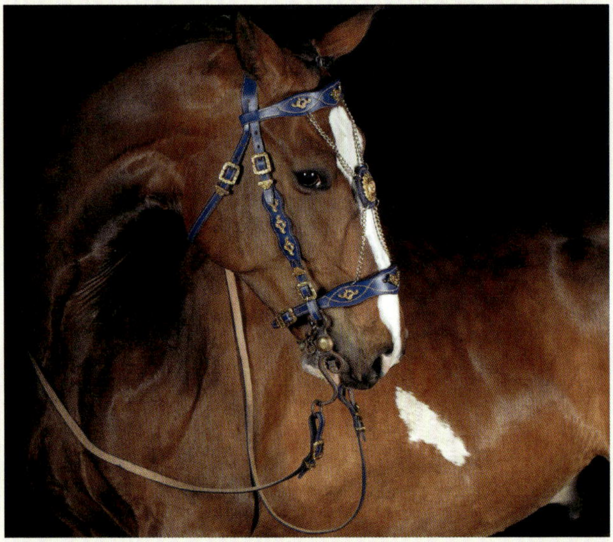

01

Als ich Farbi mit 2,5 Jahren gekauft habe, sollte er wegen seines guten Papiers ausgebildet und weiterverkauft werden. Aber es kam alles anders.
Da er noch recht jung war, habe ich mir ein gutes Jahr Zeit gelassen, um ihm die Welt zu zeigen, bin mit ihm viel spazierengegangen und habe ihm alle möglichen Zirzensik-Lektionen beigebracht. Dadurch konnte ich schnell ein sehr gutes Vertrauensverhältnis aufbauen und ihn ideal auf seine Aufgabe als Reitpferd vorbereiten. Farbian war von Anfang an nicht einfach. Seine Reaktionen auf Neues waren

02

explosiv und sein Fluchtverhalten unverhältnismäßig. Also habe ich mir besonders viel Mühe gemacht mit der Vorbereitung und Gewöhnung an das Reiten. Bis er vier Jahre alt wurde, kannte er Sattel, Trense, Longieren und Reitergewicht.
Als ich es nun für angemessen hielt, ihn anzureiten, habe ich eine Trainerkollegin gebeten, mich an die Longe zu nehmen. Leider hat er mich direkt beim ersten Mal bereits drei Mal abgebockt, weil meine Kollegin zu viel Druck gemacht hat.
Nach diesem Erlebnis habe ich mich entschieden, Farbian allein anzureiten. Dadurch konnte ich mir so viel Zeit nehmen, wie ich wollte und er brauchte. In dieser Zeit habe ich gelernt, auf die Toleranzgrenze meines Pferdes achtzugeben, um gefährliche Situationen nahezu auszuschließen. Heute ist Farbian mein bestes Pferd, jederzeit sicher für mich zu reiten und bis zur Levade in allen hohen Lektionen ausgebildet.
Selbstverständlich kann er auch alle hier beschriebenen Tricks. Sitzen kann er sowohl auf dem Boden, als auch auf einem Quaderballen. Seine absolute Lieblingslektion ist aber das Pliée.

01 Farbenfroh ist ein wunderschöner Oldenburger Wallach.

02 Bei ihm haben Zirkus-Lektionen wesentlich dazu beigetragen, dass er ruhiger und konzentrierter wurde.

TRICKS OHNE DEHNUNG

DREH DICH

Die folgenden Zirzensik-Tricks werden in Bewegung ausgeführt und beinhalten ein recht hohes Maß an Biegung, aber keine stärkere Dehnung der Muskulatur. Durch die Bewegung werden bei diesen Übungen auch die Gelenke beansprucht.

Benötigte Utensilien: viele kleine Leckerlis, Halfter, sehr langer Strick oder Longe

Es ist also unbedingt darauf zu achten, dass Pferde mit Gelenkproblemen die Bewegungen so ausführen dürfen, wie sie es möchten. Die Pferde kennen ihren Körper besser und werden Bewegungen vermeiden, die ihnen unangenehm sind. Für gesunde Pferde stellen diese Tricks keine nennenswerte Belastung dar.
Diese Übung ist sehr einfach und mit etwas Geschick in wenigen Minuten zu erlernen.

Die meisten Pferde haben einen riesen Spaß an diesem Trick. Das Wichtigste bei diesem Trick ist, dass du immer ein Leckerli in der Hand hast. Du nimmst also sofort nach dem Füttern ein neues Leckerli in die Hand und beginnst erst dann die Wiederholung. Das „Dreh dich" besteht aus drei Schritten, die miteinander verbunden werden: drehen der Vorhand, drehen der Mittelhand und drehen der Hinterhand.

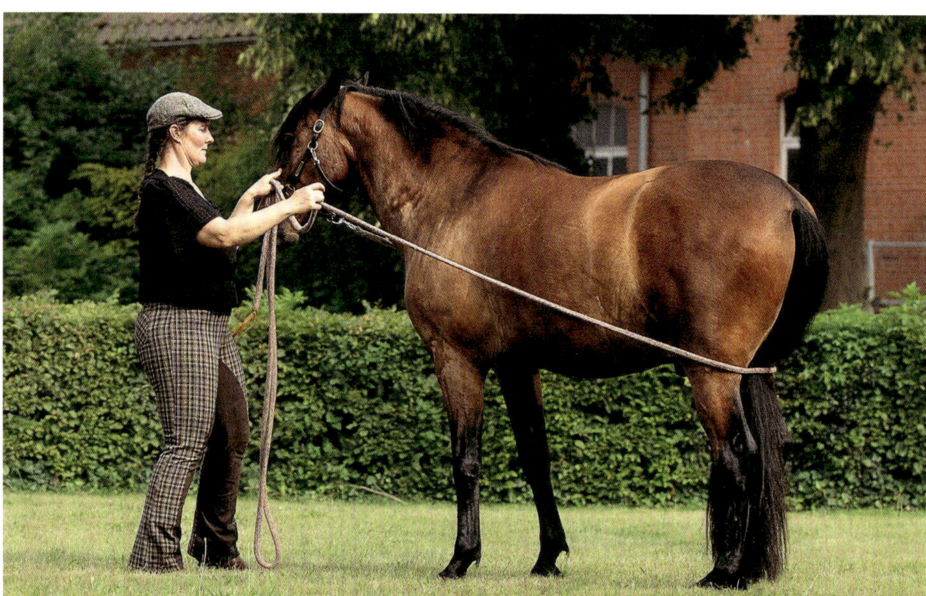

01 Den Strick bzw. die Longe legst du um das Pferd.

02

03

04

02 Die Vorhand dreht sich dem Strick bzw. der Longe folgend, ...

03 ... bis die Drehung vollendet ist.

04 Du bewegst dich währenddessen 2 – 3 Schritte rückwärts.

SO GEHST DU VOR

Du beginnst damit, den langen Strick bzw. die Longe um das gesamte Pferd herum zu legen und stellst dich wieder genau vor das Pferd. Achte darauf, dass der Strick über dem Sprunggelenk und unter dem Sitzbeinhöcker liegt. Den Strick hältst du dabei in der einen Hand und das Leckerli in der anderen. Schicke das Pferd mit einer sanften Schubs-Bewegung von dir weg, sodass es sich mit einem kurzen Zug am Strick bzw. an der Longe im Kreis dreht.
Es ist hilfreich, zu Anfang den Kopf reell wegzuschieben und zu schnalzen, als wollte man das Pferd ganz wegschicken. Sobald das Pferd sich von dir wegbewegt, gib einen kurzen Impuls am Strick, sodass es sich um sich selbst drehen muss. Je weniger du dabei am Strick ziehst, desto schneller wird die Übung gelernt.
In dem Moment, wenn der Kopf wieder zu dir zeigt, gehe ein bis zwei Schritte rückwärts, um dein Pferd zu dir zu locken und füttere sofort das Leckerli, sobald dies möglich ist, ohne auf das Pferd zuzugehen. Wenn du stehen bleibst oder auf dein Pferd zugehst, kann es die Drehung nicht beenden und wird sich nur zu dreiviertel drehen. Dies wiederholst du relativ schnell hintereinander, bis du merkst, dass du den Strick fast gar nicht mehr nutzen musst, damit dein Pferd sich dreht oder du den Strick nicht mehr um dein Pferd legen kannst, weil es schon beginnt sich zu drehen, noch bevor du es losschicken kannst.

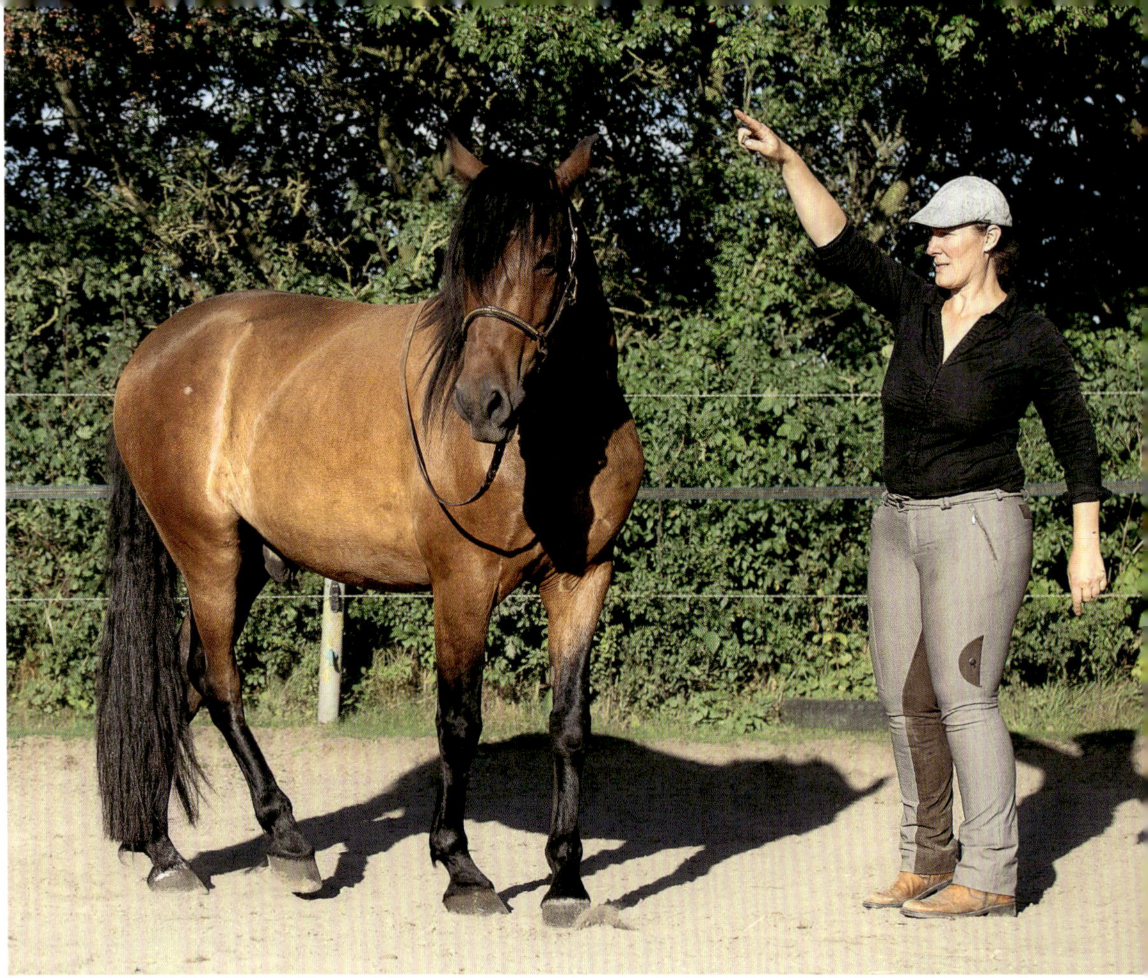

PRE-Wallach Incoloro bekommt das Kommando zum „Dreh dich".

STRICK LIEGT AUF DEM RÜCKEN

Als nächsten Schritt wechselst du zu einem normalen Strick und legst ihn wie vorher den langen Strick/Longe über den Hals, aber nicht mehr um die Hinterhand, sondern nur noch über den Rücken. In der Regel ist die Drehung der Vorhand und Hinterhand kein Problem, allerdings das Drehen der Mittelhand. Schickst du nun dein Pferd los wie vorher, gibst du nur noch einen ganz kurzen Impuls, wenn das Pferd unsicher ist, wo es entlanglaufen soll oder wenn es weglaufen möchte.
Sobald auf diese Weise das Drehen gelingt, ohne einen Impuls geben zu müssen oder zu können, lege auch das Ende des Stricks auf den Rücken und versuche, ob die Übung bereits verstanden wurde. Oft ist dies bereits

Der Strick liegt über dem Rücken, um notfalls korrigieren zu können.

der Fall. Falls nicht, lege zwar den Strick und das Ende auf den Rücken deines Pferdes und schicke es wie gehabt los, allerdings greifst du kurz nach dem Strick, sobald die Vorhand sich gedreht hat, um einen kurzen Impuls für die Mittelhand zu geben. Aber halte den Strick nicht fest, sondern lass ihn sofort wieder fallen, sodass er auf dem Rücken liegen bleibt.
Traue dich ruhig, die Drehung einmal ohne Anfassen des Stricks zu probieren. Läuft dein Pferd jetzt weg oder dreht sich nicht komplett, geh soweit zurück ins Helfen wie nötig und probiere das freie Drehen zu einem späteren Zeitpunkt erneut. Es wird schon bald gelingen. Bitte bringe das „Dreh dich" in beide Richtungen bei, um das allgemeine Körpergefühl deines Pferdes zu verbessern. Häufiges Drehen auf kleinem Kreis kann zu einer starken Belastung der Gelenke führen, weshalb das „Dreh dich" nur wenige Male in die gleiche Richtung abgefragt werden sollte. Besser lässt man abwechselnd rechts und links drehen.

MUSKULÄRE ZUSAMMENHÄNGE

Durch die große, freie Bewegung muss dein Pferd natürlich seinen gesamten Körper nutzen. Dennoch entsteht weder eine Dehnung, noch eine Spannung, die einen größeren Einfluss auf die Muskulatur hätte.
Auch sollte eine so enge Drehung nur wenige Male hintereinander und bitte in beide Richtungen gefordert werden, um die Gelenke nicht zu belasten.

BETEILIGTE MUSKELGRUPPEN

- Schulter Querfortsatzmuskel *(M. omotransversarius)*
- Ventraler gesägter Muskel: *(M. seratus ventralis)*
- Arm-Kopfmuskel *(M. brachiocephalicus)*
- Halshautmuskel *(M. cutaneus colli)*
- Halbdornfortsatzmuskel *(M. semispinalis capitis)*

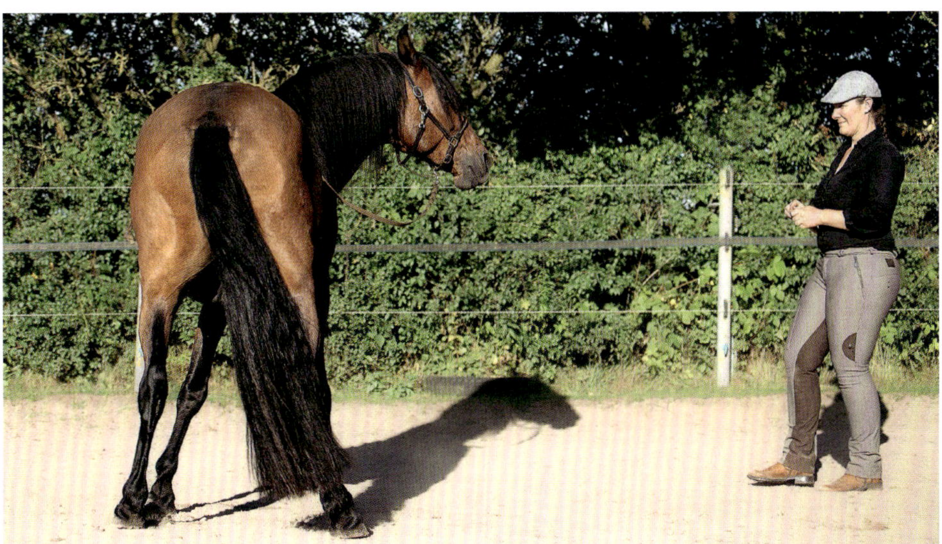

Bald kannst du dann auf den Strick verzichten. Das Pferd hat verstanden und dreht sich jetzt bereits auf das Kommando hin.

TURN AROUND

Benötigte Utensilien: kleine Leckerlis, Halfter und Strick

Für das „Turn“ ist es hilfreich, wenn man lieber mit etwas Geduld an die Sache geht und wartet, bis das Pferd verstanden hat, was man möchte. Keinesfalls soll es diese Übung mit dem Longieren verwechseln, weshalb wir nicht mit treibenden Hilfen, sondern mit Hinterher-Locken arbeiten. Dabei muss anfangs meist ein wenig mit dem Strick, wie beim Führen, nachgeholfen werden, um die Idee von „Vorwärts“ besser zu vermitteln. Grundsätzlich bleiben wir aber beim Locken.

Die Shetland Ponys Chili, Pepsi und Elliot im Turn zu dritt.

SO GEHST DU VOR

DREH DICH IN DEN EINZELNEN PHASEN

Beginne die Übung, indem du deinem Pferd ein Leckerli vor die Nase hältst. Schnipse mit den Fingern und sage z.B. „turn“. Wir bringen zuerst bei, dass es in der „schnipsenden“ Hand Leckerlis gibt und es dieser Hand folgen soll. Du kannst das Pferd unterstützen, indem du am Strick einen Vorwärtsimpuls gibst. Sobald dein Pferd sich ein paar Schritte auf die Hand zubewegt, erhält es schon das erste Leckerli. Bleibe in jedem Fall stehen, weiche nicht aus und drehe dich nicht mit im Kreis. Das Pferd kann nicht verstehen, dass es um dich herum gehen soll, wenn du dich auch um dich selber drehst.

WECHSEL DER LOCKENDEN HAND HINTER DEM RÜCKEN

Die Schwierigkeit ist der Wechsel hinter dem Rücken. Hier muss nun die zweite Hand die Arbeit übernehmen und die erste nachhelfen, solange dein Pferd das Vorwärts noch nicht ganz verstanden hat. Timing ist alles. Das Leckerli muss gegeben werden, wenn das Pferd ohne viel Hilfe weiterläuft. Wichtig ist, dass es nicht immer an derselben Stelle den Keks gibt, damit es nicht immer an derselben Stelle stoppt und den Keks einfordert.

Das Fingerschnipsen bzw. das Wortkommando „turn“ soll zum Ende das auslösende und erhaltende Kommando werden. Wenn dein Pferd also gut verstanden hat, dass es

01

02

der Hand folgen soll, wird es Zeit, die Hilfen zu verringern. Damit es versteht, dass es ohne Hilfe um dich herum gehen soll, musst du nach und nach die Hilfen reduzieren.
Um festzustellen, wie viel dein Pferd schon verstanden hat, musst du deine Hilfen soweit herausnehmen, bis dein Pferd nicht mehr weiterläuft. Nur so kannst du herausfinden, was dein Pferd bereits verstanden hat und wo es deine Hilfe noch braucht. Reduziere deine Unterstützung also, bis dein Pferd ganz allein um dich herumläuft. Wie immer sind „Fehler" der Schlüssel zu einem besseren Verständnis.
So einfach diese Übung auch ist, so toll sieht sie z. B. auf einer Show aus. Hierfür kann man das „Turn" auch mit mehreren Pferden/Ponys gleichzeitig erarbeiten und die verschiedenen Pferde in unterschiedliche Richtungen laufen lassen. Der optische Effekt ist großartig für das Publikum! Allerdings muss man beim Training mit mehreren Pferden anfangs mit etwas Chaos rechnen. Aber es wird sich lohnen.

MUSKULÄRE ZUSAMMENHÄNGE

Die Muskulatur des gesamten Körpers wird im „Turn" zwar genutzt, aber es entsteht dabei weder erwähnenswerte Dehnung noch Spannung. Genau wie im „Spin" muss hier mehr acht auf die Gelenke gegeben werden. Daher sollte die Übung in beide Richtungen beigebracht und nur wenige Drehungen am Stück abgefragt werden.

BETEILIGTE MUSKELGRUPPEN

- Schulter Querfortsatzmuskel *(M. omotransversarius)*
- Ventraler gesägter Muskel *(M. eratus ventralis)*
- Arm-Kopfmuskel *(M. brachiocephalicus)*
- Halshautmuskel *(M. cutaneus colli)*
- Halbdornfortsatzmu kel *(M. semispinalis capitis)*

03

04

05

01 Leckerli vor der Nase und Kommando „Turn".

02 Das Pony folgt dem Leckerli.

03 Am Strick kannst du zur Unterstützung einen Vorwärtsimpuls geben.

04 Bleibe stehen und drehe dich nicht zusammen mit dem Pony.

05 Die lockende Hand halte ich hinter dem Rücken.

Darf ich vorstellen:
CHILI

„Tigerschecke mit Charm und Witz“, so lautete die Kleinanzeige, in der ich Chili entdeckt habe. Auf der Suche nach einem geeigneten Pferd für eine Schülerin war ich zufällig auf diesen kleinen Shetty-Hengst gestoßen.

CHILI
Mini-Shetland Pony
Wallach

Als ich ihn gesehen habe, war ich sofort schockverliebt. Ohne viel darüber nachzudenken habe ich die Verkäuferin angerufen und gefragt, wann ich das Pony abholen könnte. Es war so indiskutabel für mich, dass dieses Pony zu mir gehört und dass ich es abholen werde, dass ich mir weder Gedanken über einen Stellplatz, noch über einen Transport gemacht habe.
Nur wenige Tage später hatte ich eine Freundin überredet, mit ihrem Anhänger und Auto meinen Mini-Shetty-Hengst, ebenfalls aus Oldenburg, abzuholen.

Chili hat großen Eifer im Erlernen der Tricks gezeigt Trotz seiner Blindheit zeigt er nach wie vor alle Lektionen.

Vor Ort angekommen war Chili von der dortigen Herde separiert, weil er mit allen Pferden Stunk anzettelte. Ich bin also in den abgegrenzten Paddock gegangen, hockte mich auf den Boden und streckte meine Hand aus. Diese wurde gebissen, dann drehte er sich um und schlug nach mir aus. Offensichtlich war Chili also einfach sauer auf alles und jeden. Und ich die glücklichste Ponybesitzerin des Planeten.
Nur ein halbes Jahr später hat Chili das Landesbreitensportturnier in Bad Segeberg mit Zirzensik und Freiarbeit in seiner Kategorie gewonnen. Er hat alle Zirzensik-Lektionen mit so viel Eifer erlernt, dass wir nicht nur schnell beste Freunde wurden, sondern er ist auch mein kleiner Star geworden. Mit dem gleichen Eifer lernte er etwas später vor der Kutsche zu laufen. Er ist immer zuverlässig, wenn wir auf Shootings, Shows, Messen oder einfach nur zuhause sind.
Heute ist Chili Wallach und blind, was eine Folge seiner Few Spot-Farbe ist. Dies hält ihn aber von gar nichts ab. Er springt Kapriolen, macht am liebsten Spanischen Schritt, kann auf den Hinterbeinen laufen und schafft ab und zu auch eine Courbette. Er läuft weiterhin fleißig an der Kutsche und ist vollwertiges Herdenmitglied.

TRICKS FÜR DIE SCHULTER

KOMPLIMENT

Die Schulter ist ein sehr wichtiger Teil des Pferdekörpers, da sie die Hauptlast zu tragen hat. Wenn die Schulter verspannt oder überlastet ist, hat dies große Auswirkungen auf das Wohlbefinden des Pferdes und kann zu massiven Folgeschäden führen.

Benötigte Utensilien: Halfter, Strick und „Längsmöhrchen" (lange Möhren längs geviertelt)

Daher ist es besonders wichtig, die Schultermuskulatur zu dehnen und zu mobilisieren. Die folgenden Übungen können also entscheidend zur Gesundheit und zum Wohlbefinden deines Pferdes beitragen.
Das Kompliment ist eine der beliebtesten Zirzensik-Lektionen und beansprucht nicht nur den gesamten Körper des Pferdes, sondern auch den des Menschen. Um das Kompliment zu erarbeiten, müssen ein paar Dinge unbedingt beachtet werden.

1. Das Kompliment darf nur auf weichen und rutschfesten Böden erarbeitet werden.

Oldenburger Wallach Farbenfroh im Kompliment.

2. Stehe IMMER in Blickrichtung des Pferdes, um das Bein anzuheben. Keinesfalls darf diese Übung mit Hufeauskratzen oder dem Hufschmied durcheinandergebracht werden!
3. Drücke dich mit dem eigenen Körper gegen das Pferd, um es zu stützen, sobald du das Bein in der Hand hast.
4. Bewege dich mit dem Pferd zusammen seitwärts, rückwärts und nach unten. Wenn du dich nicht bewegst, verdrehst du das Bein deines Pferdes ungewollt.
5. Halte den eigenen Rücken immer gerade, damit du stabil bleibst, auch wenn dein Pferd eine ruckartige Bewegung machen sollte.
6. Lass das Bein einfach los, wenn du es nicht halten kannst. Wiederholungen bringen nach und nach den Erfolg.
7. Nutze immer lange, dünne, längsgeviertelte Möhren, damit dein Pferd nicht in deine Finger beißen kann. Bei dieser Übung tun dies fast alle Pferde. Dünn sollten die Möhren sein (oder auch in der Länge geviertelt), damit die Möhre abgebissen werden kann und nicht komplett gefüttert werden muss („Längsmöhrchen").
8. Trainiere immer beide Seiten abwechselnd. Beide Vorderbeine und Schultern müssen die gleiche Dehnungsfähigkeit erarbeiten.
   Es ist dabei völlig normal, dass die Übung auf einer Seite besser gelingt als auf der anderen. Mit der Zeit wird sich dies angleichen.

SO GEHST DU VOR

Für die ersten Übungen stehst du seitlich in Blickrichtung deines Pferdes neben dem Vorderbein, das du anheben möchtest. Nimm dir auch schon eine Längsmöhre in die eine Hand.

Du stellst dich in die Bewegungsrichtung des Pferdes und hebst dann das Vorderbein an.

BLICK IN BEWEGUNGSRICHTUNG, BEIN ANHEBEN

Nun tippst du das Bein mit der Gerte oder deiner Hand an und forderst ein selbstständiges Anheben des Beins. Dies kannst du durch Antippen mit den Fingernägeln, Zupfen am Fell oder durch Ruckeln des Beins erreichen. Gut funktioniert auch das Schnippen mit den Fingern oder Schnalzen mit der Zunge. Das erste Anheben darf ruhig einen Moment dauern, damit das Pferd besser versteht, wie es diese Übung beginnen kann. Hebt das Pferd sein Bein an, greife es vorerst mit der Hand, die näher am Pferd ist, und halte es so für einen kurzen Moment fest. Es ist wichtig, darauf zu warten, dass dein Pferd sein Bein von allein anhebt, denn je mehr dein Pferd allein machen darf, desto schneller wird es eigene Ideen in die Arbeit einbringen und auch die gewünschte Übung selbstständig ausführen. Der häufigste Fehler ist auch hier Ungeduld. Wenn man das Bein immer aktiv anhebt, wird dein Pferd immer darauf warten, dass sein Bein angehoben wird. Dies verhindert, dass das Kompliment ohne Hilfe ausgeführt werden kann.

01 Bein aufhalten

BEIN AUFHALTEN

Als nächstes nimmst du das Bein in die Hand, die weiter weg ist vom Pferd, und die Längsmöhre in die andere. Das ist wichtig, damit du den Kopf zwischen den Vorderbeinen nach unten führen kannst. So kann dein Pferd besser die Balance halten. Das Bein wird so weit unten wie möglich gegriffen. Am besten mit der Handfläche am Kronrand und dem Daumen in der Fesselbeuge.

KOPF ZWISCHEN DIE VORDERBEINE LOCKEN

SEHR WICHTIG!

Du möchtest NICHT, dass dein Pferd auf das Karpalgelenk fällt. Du möchtest nur, dass es die Zehe auf den Boden legt. Wenn es dir gelingt, dass dein Pferd dies versteht, kannst du das Bein schon früh wieder loslassen und es den Rest des Weges bis ins Kompliment allein finden lassen.

HILFE BEI PROBLEMEN

Einige Pferde werden bei dieser Übung sehr hektisch und schnappen nach der Möhre oder lassen sich einfach auf den Boden fallen. In diesem Fall ist es wichtig ruhig zu bleiben und abzuwarten, bis das Pferd wieder ruhiger reagiert. Wenn die Pferde zu hektisch sind, verstehen sie schlechter, wie die Übung reell funktioniert. Es wird also nur weitergearbeitet, wenn das Pferd wieder ruhiger bleibt.

Andere reagieren gar nicht oder fangen an, das hoch gehaltene Bein nach vorn ziehen zu wollen. Lassen sie das Bein einfach so oft los, wie es notwendig ist, bis ihr Pferd das Anheben toleriert und mit dem Kopf zur Möhre kommen mag. Wie eingangs erwähnt, reagieren alle Pferde sehr individuell und brauchen auf unterschiedliche Weise Unterstützung.

Damit das Pferd nach unten hinten kommen kann, muss es die Hinterbeine zurücksetzten. Damit dies gelingt, müssen sie sich kurz auf das angehobene Bein in deiner

Hand stützen. Halte das Bein also etwas deutlicher nach oben (aber nie höher als parallel zum Boden). Wenn es gelingt, den Kopf zwischen die Vorderbeine zu locken, wird das Pferd sich mit den Hinterbeinen rückwärts bewegen. In diesem Moment kann es sein, dass es sich etwas stärker auf das Bein in deiner Hand stützt. Versuche also immer, deinen Rücken gerade zu halten. Sollte das Pferd nicht versuchen, sich mit den Hinterbeinen rückwärts zu bewegen, kannst du dich gegen den Rumpf drücken und es seitwärts schieben, während du den Kopf nach unten lockst. Sobald die Tiere verstanden haben, dass sie sich bewegen können, obwohl du das Bein in der Hand hast, fällt diese Bewegung leichter.
Um diese Übung zu erleichtern, kann eine zweite Person hilfreich sein, die auf der gegenüberliegenden Seite den Kopf mit der Möhre nach unten lockt. Grundsätzlich ist es mit ein wenig Geschick aber auch allein zu bewältigen. Ich empfehle aber, das Kompliment zu zweit zu erarbeiten.

02

03

04

02 Der Kopf wird zwischen die Vorderbeine gelockt.

03 Die Bewegung erfolgt nach unten und rückwärts.

04 Die Zehe wird auf den Boden aufgelegt. Dann das Bein loslassen und die Möhre füttern.

Es ist völlig normal, dass die Pferde anfangs auch mal mit der gesamten Stirnlinie den Boden berühren. Natürlich ist dies nicht das Ziel! Aber ein akzeptabler Zwischenschritt. Da bei meiner „Toleranz-Methode“ niemals Zwang oder Hilfsmittel (wie z. B. eine Beinlonge) angewendet werden, bekommt dein Pferd keine Angst, denn es kann die Übung jederzeit abbrechen, wenn es dies möchte. Manche Pferde bewegen sich einfach nicht rückwärts. Sollte dies auch nach mehrfachem Auffordern der Fall sein, kannst du einen „Trick“ nutzen: Wenn du eines der Vorderbeine nach vorn setzt, sodass das andere Vorderbein bereits deutlich in Schrittstellung steht, kannst du das weiter hinten stehende Bein zum Kompliment anheben lassen. So fällt das Kompliment etwas leichter und das Zurücksetzten der Hinterbeine ist nicht mehr oder nur noch minimal notwendig. Sollte dein Pferd zu den wenigen Pferden gehören, denen es weder gelingt, die Hinterbeine zurück zu stellen, noch mit vorgestelltem Vorderbein das zweite Vorderbein anzuheben, kann die Lektion „Sägebock“ als Vorübung genutzt werden (siehe „Pliée“ Seite 66). Allerdings geht das Verbinden zweier Lektionen immer damit einher, dass diese beiden Lektionen unter Umständen nicht mehr allein abgefragt werden können. Daher sollte dies die letzte Option bleiben. Und es gibt nur sehr wenige Pferde, die für das Kompliment die Sägebockhaltung benötigen.
In jedem Fall ist das Ziel, die Zehe auf den Boden zu bekommen, nicht das Karpalgelenk. Sobald die Zehe des Hufes den Boden berührt, darf dein Pferd so lange von der Möhre abbeißen, wie es die Zehe am Boden behält. Den Rest des Weges zum Boden soll es von Beginn an allein finden, um möglichst bald mit wenig oder ohne Unterstützung das Kompliment ausführen zu können.

WENN DAS PFERD AUFSPRINGT

Nicht wenige Pferde springen anfangs schnell wieder auf. Bitte füttere dann keine Belohnung. Wenn das Pferd lernt, dass es eine Möhre gibt, wenn es nur kurz zum Boden geht und schnell wieder aufspringt, ist es schwierig, ein ordentliches, gehaltenes Kompliment zu erreichen. Allerdings darf es gerade zu Anfang so lange Möhren geben, wie das Pferd unten bleibt.
Wenn dies gelingt, ist es nur noch eine Kleinigkeit, das Leckerli nicht mehr zwischen den Beinen zu füttern, sondern vor der Brust, um ein aufrechtes Kompliment zu erreichen.

Gelingt es zuverlässig, das Pferd mit der oben beschriebenen Hilfe in ein Kompliment zu bekommen, solltest du nach und nach die Hilfe beim Anheben des Beins verringern. Pferden mit Behang genügt es schnell, wenn man das Bein am Behang mit zwei Fingern nach hinten führt. Wenn dies nicht möglich ist, kann man die Zehe auf die Handfläche legen, ohne das Bein reell festzuhalten. Auf diese Weise lernt das Pferd nach und nach auf ein Fingerschnippen, das ursprünglich nur das Anheben des Beins zur Folge hatte, ins Kompliment zu gehen.

MUSKULÄRE ZUSAMMENHÄNGE

Im Kompliment wird der gesamte Schulterapparat bis in den Rücken und Hals hinein gedehnt. Haben Pferde Schwierigkeiten in dieser Übung, besteht meist ein Problem in diesen Strukturen. Durch Wiederholungen bis zu dem Punkt, wo die Bewegung noch problemlos ausgeführt werden kann, kann nicht nur das Kompliment erarbeitet, sondern auch dieses Problem verbessert werden. Diese Übung ist also sehr wertvoll

für die Beweglichkeit des Schulterapparats und kann helfen, Verspannungen dauerhaft zu lösen oder gar nicht erst entstehen zu lassen.
Auch kann das Kompliment die Balance und das Körpergefühl merklich verbessern. Das Kompliment ist also ein überaus sinnvoller Trick für jedes Pferd und kann den Bewegungsablauf insgesamt verbessern.

Die beim Kompliment besonders beanspruchten Muskelgruppen:
1 Querverlaufender Brustmuskel
2 Deltaförmiger Muskel
3 Untergrätenmuskel
4 Übergrätenmuskel
5 Langer Kopf des dreiköpfigen Armmuskels
6 Lateraler Arm des dreiköpfigen Armmuskels
7 Breiter Rückenmuskel
8 Äußerer, schräger Bauchmuskel

BETEILIGTE MUSKELGRUPPEN

- Querverlaufender Brustmuskel *(M. pectoralis transversus*
- Deltaförmiger Muskel *(M. deltoideus)*
- Untergrätenmuskel *(M. Infraspinatus)*
- Übergrätenmuskel *(M. Supraspinatus)*
- Absteigender Brustmuskel *(M. pectoralis descendens)*
- Tiefer Brustmuskel *(M. pectoralis profundus)*
- Zweiköpfiger Armmuskel *(M. brachialis)*
- Dreiköpfige Armmuskel *(M. triceps brachii)*:
- Langer Kopf des dreiköpfigen Armmuskels *(caput longum M. tricipitis brachii)*
- Lateraler Arm des dreiköpfigen Armmuskels *(caput laterale M. tricipitis brachii)*
- Spanner der Unterarmfaszie *(M. tensor fasciae antebrachii)*
- Breiter Rückenmuskel *(M. latissimus dorsi)*
- Äußerer, schiefer Bauchmuskel *(M. obliquus externus abdominis)*
- Äußerer, schräger Bauchmuskel *(M. obliquus externus abdominalis-aponeurosis)*
- Äußerer, seitlicher Zehenstrecker *(M. extensor digitorum lateralis)*
- Radialer Strecker des Vorderfußwurzelgelenks *(M. extensor carpi radialis)*
- Gemeinsamer Zehenstrecker *(M. extensor digitorum communis)*
- Ulnarer Strecker des Vorderfußwurzelgelenks *(M. extensor carpi ulnaris)*

KNIEN

Benötigte Utensilien: kleine Leckerlis, eine Gerte

SO GEHST DU VOR

Das Knien ist sehr leicht zu erlernen, sobald das Kompliment auf beiden Seiten für einen kurzen Moment gehalten werden kann.
Um das Knien zu erarbeiten, muss nur im Kompliment das nach vorn gestreckte Bein aufgefordert werden, auch unter den Körper genommen zu werden. Dies ist am einfachsten mit einer zweiten Person, die das gestreckte Bein touchiert bzw. auffordert, auch ins Kompliment zu gehen. Bei den ersten Versuchen steht das Pferd meist erstmal wieder auf. Eine Wiederholung dieser Übung führt aber immer zum Erfolg.
Je höher der Kopf dabei im Kompliment gehalten wird, desto einfacher ist das Zurückziehen des zweiten Beins.

UNTERSCHEIDUNG VON KOMPLIMENT UND KNIEN

Damit Kompliment und Knien unabhängig voneinander ausgeführt werden können, solltest du das Knien von beiden Seiten fordern. Auch hier wird es deinem Pferd auf der einen Seite leichter gelingen als auf der anderen. Wenn du das Knien nur von einer Seite und das Kompliment von der anderen Seite beibringst, kann es wiederum zu unterschiedlicher Dehnungsfähigkeit der Schultern und Vordergliedmaßen kommen.
Bietet dein Pferd nach dem Erlernen des Kniens das Kompliment nicht mehr an, wiederhole das Kompliment ohne Futterlob solange, bis das Knien nicht mehr gezeigt wird. Erst wenn dein Pferd das Kompliment wieder zeigt, bekommt es ein Leckerli.
Vielen Pferden fällt das Knien leichter als das Kompliment, da die Schultern und Vorderbeine nicht so intensiv gedehnt werden und der Oberkörper auf beiden Vorderbeinen abgelastet werden kann. Der Rücken wird zwar steiler gehoben, dies fällt den meisten Pferden aber sehr leicht. Beide Lektionen haben also einen wichtigen Zweck für die Flexibilität der Muskulatur und Gelenke, für die Körperwahrnehmung und den Gleichgewichtssinn und sollten auf beiden Seiten abgefragt werden können. Nur dann kann dein Pferd vollständig davon profitieren.

01 Das gestreckte Bein touchierst du.

02 Daraufhin knickt das Bein ein …

PRE-Wallach Percy beim Knien.

MUSKULÄRE ZUSAMMENHÄNGE

Im Knien wird die gleiche Muskulatur benötigt, wie im Kompliment. Wie man aber an den Bildern der beiden Übungen erkennen kann, ist das Knien die deutlich schwierigere Haltung. Die Hinterhand wird stärker untergeschoben, der Rücken stärker gedehnt und der Bauch stärker gespannt. Solange die Pferde im Kompliment noch Schwierigkeiten haben, werden sie das Knien vermutlich noch nicht ausführen können. Geduld und Wiederholungen verbessern Dehnungsfähigkeit und Mobilität nach und nach spürbar. Sollte dein Pferd das Knien bevorzugen, ist dies ein klares Zeichen für eine Dehnungsschwierigkeit im Schulterapparat. Hier sollte also das Kompliment bevorzugt werden. Am einfachsten geht dies, indem man nur noch Leckerlis für das Kompliment gibt, aber nicht für das Knien. So kannst du dein Pferd motivieren, die etwas schwierigere Übung eher zu zeigen, als die einfachere. Sollte dann das Knien weniger gezeigt werden, beginnt man das Knien mit einem Leckerli zu belohnen.

03 … sodass das Pferd kniet.

BETEILIGTE MUSKELGRUPPEN

- Querverlaufender Brustmuskel *(M. pectoralis transversus)*
- Absteigender Brustmuskel *(M. pectoralis descendens)*
- Tiefer Brustmuskel *(M. pectoralis profundus)*
- Zweiköpfiger Armmuskel *(M. brachialis)*
- Dreiköpfiger Armmuskel *(M. triceps brachii)*
- Langer Kopf des dreiköpfigen Armmuskels *(caput longum M. tricipitis brachii)*
- Lateraler Arm des dreiköpfigen Armmuskels *(caput laterale M. tricipitis brachii)*
- Radialer Strecker des Vorderfußwurzelgelenks *(M. extensor carpi radialis)*
- Gemeinsamer Zehenstrecker *(M. extensor digitorum communis)*
- Ulnarer Strecker des Vorderfußwurzelgelenks *(M. extensor carpi ulnaris)*
- Spanner der Unterarmfaszie *(M. tensor fasciae antebrachii)*
- Breiter Rückenmuskel *(M. latissimus dorsi)*
- Äußerer, schiefer Bauchmuskel *(M. obliquus externus abdominis)*
- Äußerer, schräger Bauchmuskel *(M. obliquus externus abdominalis-aponeurosis)*
- Langer Zehenstrecker *(M. Extensor Digitorum Longus)*
- Äußerer, seitlicher Zehenstrecker *(M. extensor digitorum lateralis)*

SPANISCHER SCHRITT

Benötigte Utensilien: kleine Leckerlis, Gerte, Halfter und Strick

Beim Spanischen Schritt werden immer die gleichen Fehler vom Menschen gemacht. Daher möchte ich erst einmal darauf eingehen, wie wichtig es ist, ein Timing für die Hilfengebung zu finden. Wenn man den Spanischen Schritt ganz in Ruhe Schritt für Schritt erarbeitet, kann man die ersten guten Tritte bereits nach wenigen Minuten erhalten.

SO GEHST DU VOR

Stelle dein Pferd längsseits der Bande und dich selber auf die innere Seite auf Höhe der Schulter. Nimm nun das Halfter in die Hand, die näher am Pferd ist und ein Leckerli mit der Gerte in die andere. Berühre nun ein Mal(!) das Bein, das näher bei dir ist, mit der Gerte. Die Stelle, an der du das Bein berührst, ist völlig egal, da so schnell wie möglich gar nicht mehr berührt werden wird. Wichtig ist nur, möglichst bald eine Reaktion zu erhalten. Der Wunsch ist nichts weiter, als ein Anheben und Absetzen des Beins. Es muss weder hoch, noch weit sein. Es genügt, wenn der Huf gerade eben den Boden verlässt und optimaler Weise an dieselbe Stelle wieder abgesetzt wird. Sollte der Huf rückwärts gesetzt werden, muss der Huf wieder vorgeholt werden und es wird nicht gelobt. Sollte dein Pferd einfach einen Schritt voran machen, wird es wieder angehalten und die Übung wiederholt.
In der Regel reagieren die Pferde jedoch zu Beginn gar nicht auf die Berührung. Passe die Berührung mit der Gerte also an und wiederhole die einmalige Berührung deutlicher. Sollte auch beim zweiten Mal keine Reaktion gezeigt werden, solltest du zuerst die Stelle der Berührung verändern, keinesfalls aber die Häufigkeit. Dein Pferd muss nach jeder Berührung die Gelegenheit haben, zu reagieren. Andernfalls lernt es nur, die Gerte am Bein zu ertragen und zu ignorieren.

DIE HÄUFIGSTEN FEHLER BEIM SPANISCHEN SCHRITT

- Fehler 1: häufiges, eher zartes Touchieren des Beins
- Fehler 2: das Anheben eines bestimmten Beins verlangen
- Fehler 3: vor dem Pferd stehen
- Fehler 4: ungenaue Hilfengebung
- Fehler 5: im falschen Moment loben
- Fehler 6: von Anfang an ein hohes Anheben verlangen
- Fehler 7: das Pferd hinterherziehen, um vorwärts zu kommen
- Fehler 8: zu lange Trainingseinheiten

Shire Horse-Wallach Gautbys Arclit Flashman zeigt seinen beeindruckenden Spanischen Schritt.

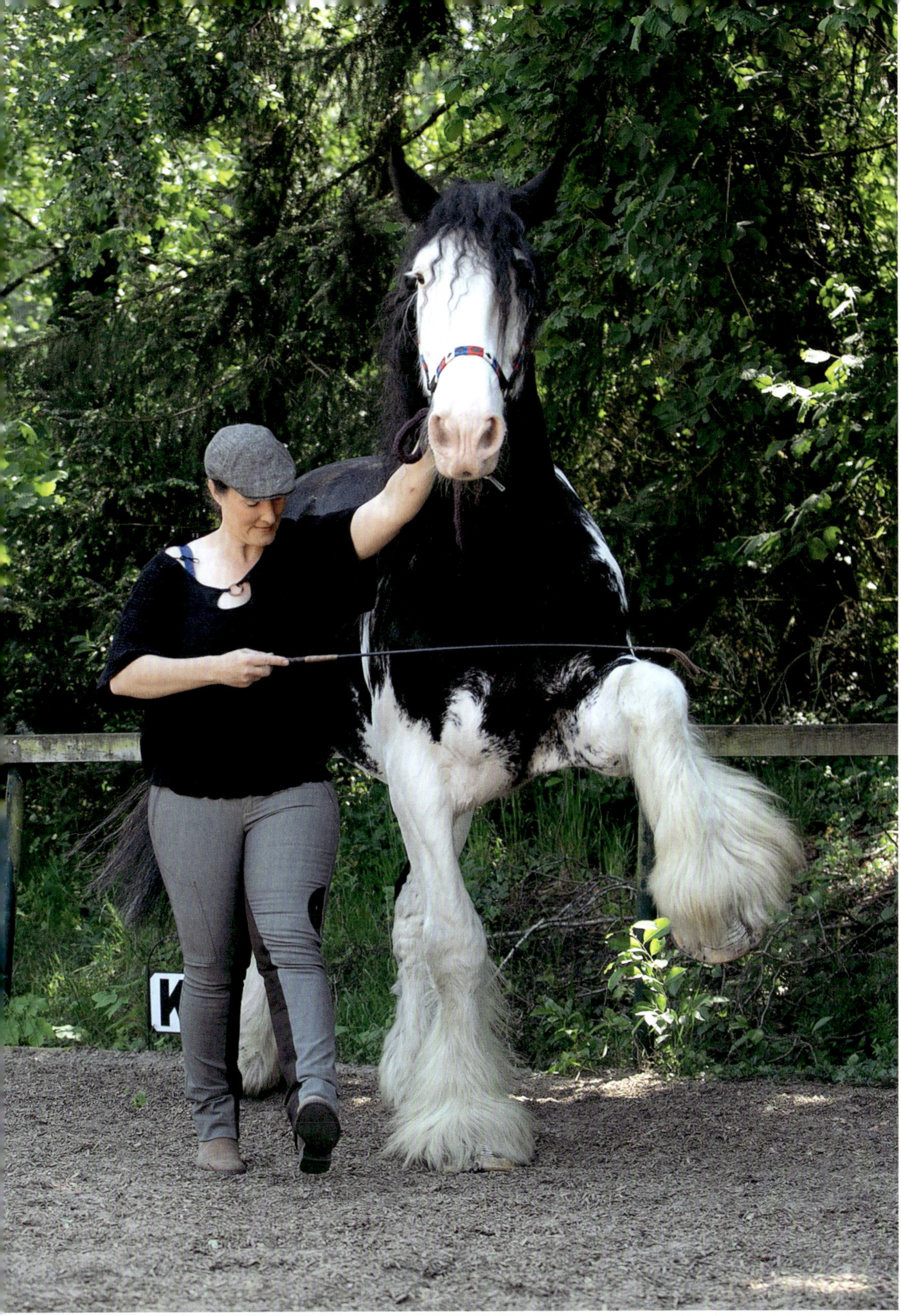
K

Sollte nach einiger Zeit noch immer kein Anheben gezeigt worden sein, kannst du z. B. nach dem Touchieren mit der Gerte am Fell des Fesselkopfes zupfen. Wie du das erste Anheben erreichst, ist grundsätzlich egal. Bitte verlasse aber nicht die Position an der Schulter deines Pferdes, um das Üben des Spanischen Schritts nicht mit z. B. normalem Führen über den Hof zu verwechseln. Auch hier ist wieder Geduld gefragt, denn gerade die Anfänge sind entscheidend und Fehler schneller gemacht, als die Korrektur.

Schritt eins ist also: Anheben, Absetzen, Keks.

Sobald dies mehrfach gelingt, versuche bereits jetzt die Touchierhilfe zu verringern oder gar einzustellen. Reagiert dein Pferd bereits auf Zeigen mit der Gerte, ist bereits viel gewonnen. Tut es dies noch nicht, muss natürlich weiter mit dem einfachen Berühren des Beins geübt werden. Der nächste Schritt ist nun das Vorwärts. Beides zusammenzubringen ist die größte Schwierigkeit beim Spanischen Schritt. Um das Vorwärts zu erreichen, darfst du noch immer nicht deine Position neben der Schulter verlassen. Schiebe dein Pferd am Halfter voran. Gelingt dies nicht, nutze die Gerte an der Schenkellage mit einer kleinen Berührung. Wichtig ist, dass dein Pferd versteht, dass es die Belohnung nicht mehr für das Anheben gibt, sondern für das Vorwärts NACH dem Beinanheben.

Schritt zwei ist also: Anheben, Absetzen, vorwärts, Keks

Wiederhole das Ganze auf der anderen Seite auf die gleiche Art und Weise. Sehr oft beginnen die Pferde jetzt das äußere Bein anzuheben, obwohl das innere berührt wurde. Keinesfalls ist dies ein Fehler! Im Gegenteil ist dieses Verhalten unbedingt gewollt und

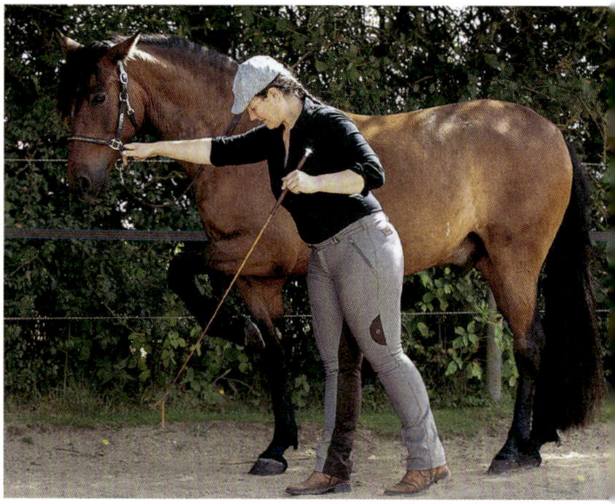

01 Bein hoch …

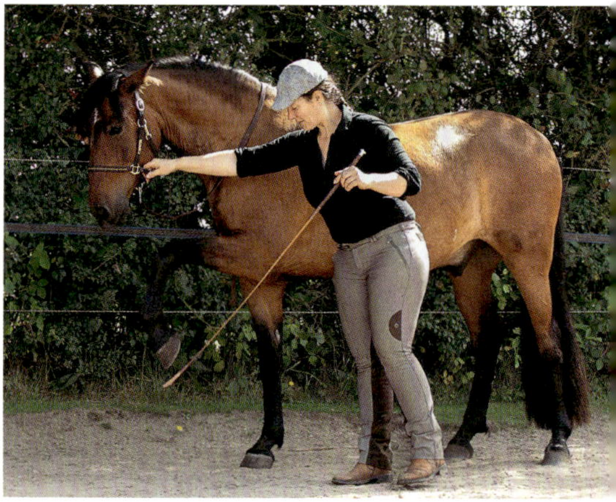

02 … links, absetzen …

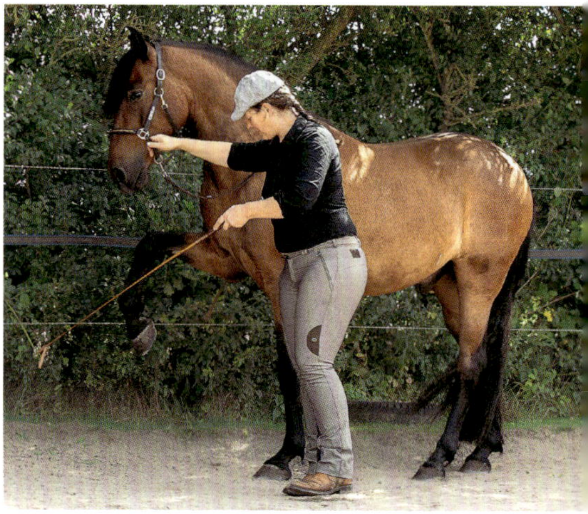

03 … und rechts.

wird genauso gelobt, als würde das innere Bein gehoben werden. Wir wollen so die Mitarbeit und das selbstständige Denken fördern. Außerdem ist das Ziel unbedingt, das Pferd gar nicht berühren zu müssen. Sobald auch das Vorwärts verstanden wurde, kommt es ganz besonders auf das Timing an, denn nun wird das Vorwärts während des Anhebens verlangt. Die Hilfen werden also deutlich schneller gegeben, als zuvor. In dieser Phase des Lernens wirst du bemerken, dass es gar nicht so einfach ist für dein Pferd, einen flüssigen Bewegungsablauf im Spanischen Schritt zu finden. Die meisten Pferde zeigen anfangs einige normale Zwischenschritte, bevor ein Bein wieder gehoben wird. Oder es wird einige Zeit gar kein Bein gehoben. Tut dein Pferd sich schwer, wiederhole die Schritte vorher. Außerdem brauchen Pferde immer Zeit zum Nachdenken. Mehrere Tage Pause und kurze Trainingseinheiten führen also deutlich schneller zum Ziel.

Schritt drei ist also: Anheben, vorwärts, Anheben, vorwärts, …

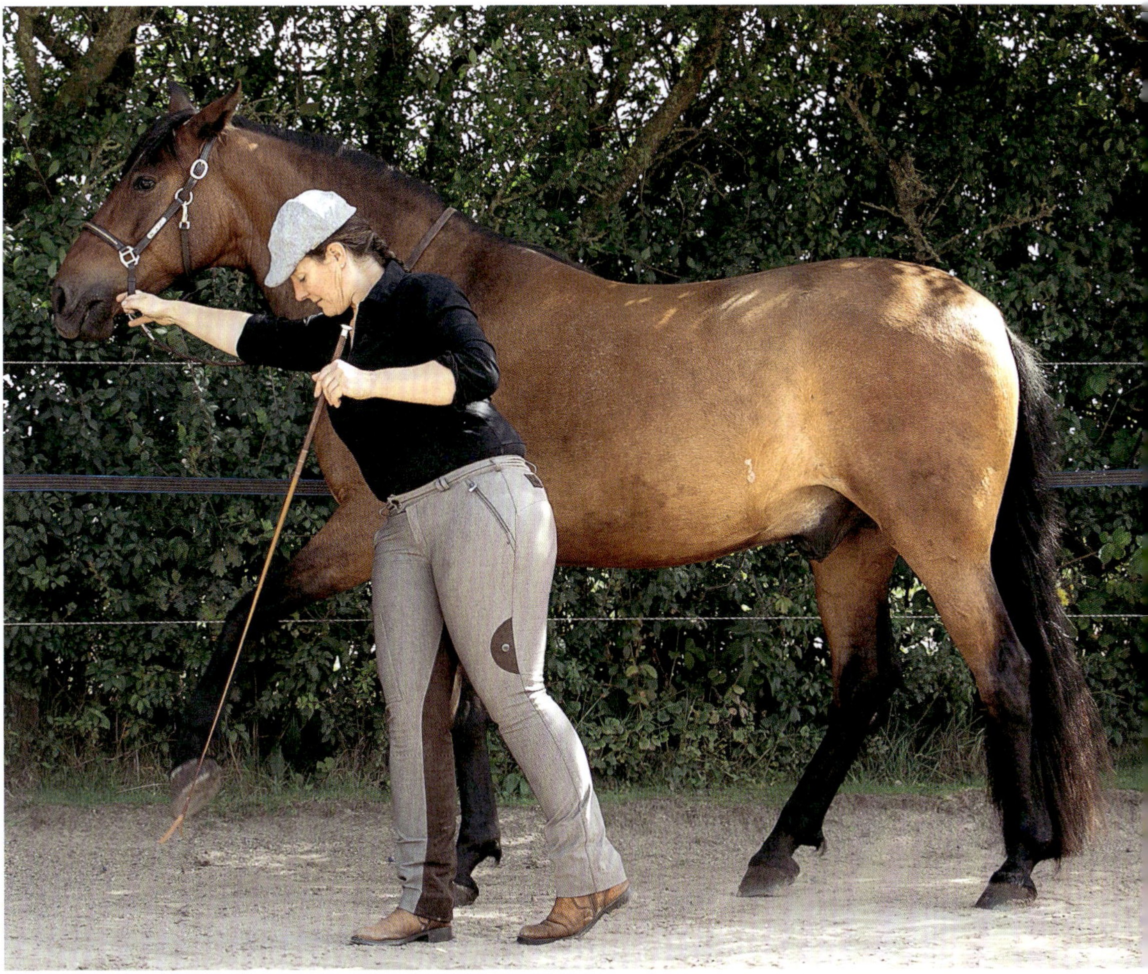

Vorwärts nach dem Beinheben

Die beim Spanischen Schritt besonders beanspruchten Muskelgruppen:

1 Lateraler Kopf des dreiköpfigen Armmuskels
2 Strecker und Beuger des Vorderfußwurzelgelenks
3 Zweiköpfiger Armmuskel
4 Arm-Kopfmuskel
5 Querverlaufender Brustmuskel
6 Trapezmuskel

FEHLER KORRIGIEREN

PFERD KRATZT, STATT ANZUHEBEN

Dieser Fehler passiert besonders dann, wenn Pferde empfindsam auf das Touchieren reagieren, wenn zu häufig zu stark touchiert wird, wenn zu wenig Vorwärts möglich ist oder wenn das Pferd übermotiviert ist. Um diesen Fehler zu korrigieren, muss mehr Vorwärts als Aufwärts gearbeitet werden. Kratzen können Pferde nur, wenn das Hinterbein stehen bleibt. Ist dies in Bewegung, kann auch nicht gekratzt werden. Konzentriere dich also weniger auf den Ausdruck als auf ein fleißiges Vorwärts. Oft hilft es hier, den Spanischen Schritt im Vorwärts abzufragen und sich mit wenigen Schritten zufrieden zu geben. Auf jeden Fall darf es für Kratzen kein Leckerli geben.

DIE HINTERBEINE BLEIBEN STEHEN

Oft bleiben diejenigen Pferde hinten einfach stehen, die auch sonst kein sehr gutes Körpergefühl haben. Auch in diesem Fall muss deutlich mehr Priorität auf das Vorwärts anstatt auf das Anheben gelegt werden.

NACH VORN WEGLAUFEN

Es gibt Pferde, die die Position zwischen Bande und Mensch als Druck empfinden, was die Berührung mit der Gerte noch verstärkt. Diese versuchen dann nach vorn auszubrechen und sich der Übung zu entziehen. In diesem Fall muss mit unheimlich viel Ruhe herangegangen werden. Strafe dein Pferd nicht ab, sondern lass es immer wieder nach vorn weg. Wenn es merkt, dass es ausweichen darf, wenn es das psychisch braucht und wenn du deine Hilfen so weit reduzierst, dass dein Pferd weniger Druck empfindet, könnt ihr eine gute Zusammenarbeit finden. Wiederhole die Übung so oft, bis es nicht mehr nach vorn ausweichen möchte. Verbietest du das Vorwärts, kann das wichtige Vertrauen zum Menschen in Mitleidenschaft gezogen werden.

MUSKULÄRE ZUSAMMENHÄNGE

Der Spanische Schritt sieht nicht nur spektakulär aus, sondern ist eine sehr wertvolle Übung für die gesamte Mobilität der Schulter. Die gesamte Schulter und Brustmuskulatur werden hierbei gestärkt. Der Spanische Schritt kann also zu einer Verbesserung der Schulterbeweglichkeit beitragen.
Die zusätzliche Vorwärtsbewegung stärkt zwar die Koordinationsfähigkeit deines Pferdes, bringt aber keine muskuläre Veränderung mit sich.

BETEILIGTE MUSKELGRUPPEN

- Lateraler Kopf des dreiköpfigen Armmuskels *(caput laterale M. triceps brachii)*
- Radialer Strecker des Vorderfußwurzelgelenks *(M. extensor carpi radialis)*
- Ulnarer Strecker des Vorderfußwurzelgelenks *(M. extensor carpi ulnaris)*
- Ulnarer Beuger des Vorderfußwurzelgelenks *(M. fexor carpi ulnaris)*
- Zweiköpfiger Armmuskel *(M. biceps brachii)*
- Arm-Kopfmuskel *(M. brachiocephalicus)*
- Querverlaufender Brustmuskel *(M. pectoralis transversus)*
- Deltaförmiger Muskel *(M. deltoideus)*
- Untergrätenmuskel *(M. infraspinatus)*
- Schulterhalsmuskel *(M. omotransversus)*
- Rautenmuskel *(M rhomboideus)*
- Breiter Rückenmuskel *(M. latissimus dorsi)*

SPANISCHER GRUSS

Benötigte Utensilien: kleine Leckerlis, eine Gerte

Der Spanische Gruß sollte erst nach dem Spanischen Schritt gelehrt werden, da sonst die beiden Übungen verwischen. Lernt das Pferd den Gruß vor dem Schritt, ist es erfahrungsgemäß sehr schwierig, ein anständiges Vorwärts in die Arbeit zu bringen.

SO GEHST DU VOR

Um den Spanischen Gruß zu erarbeiten, wird der erste Lernschritt des Spanischen Schritts abgefragt. Dies sollte recht unkompliziert möglich sein, wenn der Spanische Schritt bereits einigermaßen gelingt. Nun wird das Oben-Aushalten gefördert, bis das Pferd verstanden hat, dass es das Bein nicht wieder absetzen soll. Idealerweise lernt das Pferd, dass das Zeigen auf ein Bein bedeutet, dass es dies anheben und nicht wieder absetzten soll, solange man auf das Bein zeigt. Sollte dein Pferd den Spanischen Schritt schon sehr gut beherrschen, bleib einfach stehen, wenn dein Pferd vorwärts geht. Es wird schnell verstehen, dass vorwärts hier nicht gefordert ist.
Damit das Bein nun gehalten wird, muss das erneute Kommando zum Anheben schon

Europäischer Appaloosa Pony-Wallach Pepsi zeigt den Spanischen Gruß.

01

02

01 – 02
Die Phasen des Beinhebens und -haltens im Spanischen Gruß.

gegeben werden, wenn das Bein noch in der Luft ist. Idealerweise wird das Bein also erneut angehoben, ohne es reell abgesetzt zu haben. Wiederholt man das Kommando also regelmäßig, sollte das Bein nun in der Luft bleiben.
Wenn dein Pferd anfängt, auf dem Boden zu scharren o. Ä., gibt es schlichtweg keine Leckerlis. Lass es selber herausfinden, dass das Vorderbein in der Luft bleiben soll.

MUSKULÄRE ZUSAMMENHÄNGE

Der Spanische Gruß unterscheidet sich muskulär insofern vom Spanischen Schritt, dass durch das längere Oben-Halten eines Vorderbeins, diejenige Schultermuskulatur gestärkt wird, die für das Heben der Vorderbeine verantwortlich ist. Da wo der Spanische Schritt die Beweglichkeit verbessern kann, stärkt der Spanische Gruß eben diese Muskulatur.

BETEILIGTE MUSKELGRUPPEN

- Lateraler Kopf des dreiköpfigen Armmuskels *(caput laterale M. triceps brachii)*
- Radialer Strecker des Voderfußwurzelgelenks *(M. extensor carpi radialis)*
- Zweiköpfiger Armmuskel (M. biceps brachii)
- Arm-Kopfmuskel *(M. brachiocephalicus)*
- Deltaförmiger Muskel *(M. deltoideus)*
- Untergrätenmuskel *(M. infraspinatus)*
- Schulterhalsmuskel *(M. omotransversus)*
- Rautenmuskel *(M rhomboideus)*
- Breiter Rückenmuskel *(M. latissimus dorsi)*

Darf ich vorstellen: PEPPER

Als ich 2018 meinen ersten, kleinen, eigenen Stall gemietet habe, suchte ich nach einem Freund für Chili, da er mit den größeren Pferden weder sinnvoll spielen, noch Fellchen kraulen konnte.

PEPPER
Europäisches Appaloosa Pony
Wallach

Die Kleinanzeige von Pepsi, wie ich ihn nenne, war wenig aussagekräftig, aber auch bei ihm war sofort klar: „Das ist mein Pony!".
Zu der Zeit hatte ich bereits ein eigenes Gespann und einen Shetty-Einsatz im Anhänger. Also bin ich losgedüst, drei Stunden einfache Strecke in den Osten.
Vor Ort stand Pepsi, der damals noch Hengst war, in einem Stall ohne Licht, in einer winzigen Box direkt neben einer Stute und

vielen Ziegen. Sein Halfter war am Kopf festgewachsen, das Wasser verschimmelt, der Gestank bestialisch. Sowas hatte ich noch nicht gesehen oder gerochen und werde es hoffentlich auch nie wieder! (Natürlich habe ich den Verkäufer beim Veterinäramt angezeigt!) Ich habe das Pony so schnell eingepackt wie ich konnte und bin mit ihm nach Hause gefahren. Der Gestank des Ponys erfüllte meinen gesamten Stall über mehrere Tage, woran auch eine Wäsche nichts änderte. Das Halfter habe ich vorsichtig abgenommen und die Wunden versorgt. Dieses Erlebnis lässt mich wohl mein Leben lang nicht wieder los.
Heute ist Pepsi Wallach und mein Sonnenschein. Er verbreitet immer gute Laune, möchte immer alles richtig machen, hat nur Quatsch im Kopf, kann natürlich alle Zirzensik-Tricks und läuft mit Chili zusammen vor der Kutsche. Seine absolute Lieblingslektion ist das Smile.

Pepper zeigt große Begeisterung bei den Zirkus-Lektionen.

Darf ich vorstellen:
ELLIOT

Das kleine Schmunzelmonster Elliot kam über ein paar Umwege zu mir. Wie Chili stammt er ursprünglich aus den Niederlanden.

ELLIOT
Mini-Shetland Pony
Wallach

Hier wurde er von einer Tierschutzorganisation aus sehr schlechten Verhältnissen gerettet. Er war verfettet, seine Hinterhufe einmal im Kreis gewachsen, sein Verhalten aggressiv und durchgehend gestresst. Eine Stallkollegin zeigte mir schon 2015 ein Bild von ihm, weil er so gut zu Chili passen würde.
Damals lehnte ich aber dankend ab. Farbi und Chili waren ein gutes Team zu zweit und Elliot passte (noch) nicht zu uns.
Während der Suche nach Pepper stieß ich auf eine Anzeige von Elliot (er hieß zu der Zeit Danger), in der die damalige Besitzerin eine Pflegebeteiligung suchte. Ich schrieb sie an und sagte, ich würde ihn

gern kaufen. Dies lehnte sie damals aber ab. Sie hatte Elliot von der Tierschutzorganisation als Beisteller übernommen, ihn kastriert, gegen Haarlinge behandelt, sein Futter angepasst und ihm ein schönes Leben bereitet. Diese Entscheidung konnte ich hinnehmen, fand aber bald darauf Pepsi und war glücklich mit meinen zwei Minis. Ein drittes Pony stand nie zur Debatte.

Aber es kommt wieder alles anders, denn einige Monate später meldete die Besitzerin sich und bot mir an, Elliot doch zu übernehmen, da ihr einfach die Zeit fehlte und sie das Beste für das Pony wollte. Natürlich konnte ich nicht nein sagen und habe ihn aus dem Nachbarort abgeholt.

Zwar war Elliot schon in einer viel besseren Verfassung, als noch bei der Tierschutzorganisation, aber die traumatische Zeit steckte noch tief in ihm. Er lief nur vor mir weg, biss, trat und wollte mit niemandem etwas zu tun haben.

Auch bei ihm war es die Zirzensik, die uns zusammengeschweißt hat. Elliot bekam seinen Namen, als er aufhörte, den ganzen Tag mit angelegten Ohren herumzulaufen und endlich ab und zu „lächelnde Öhrchen" zeigte. Seitdem ist er „Elliot, das Schmunzelmonster".

Seine absolute Lieblingslektion ist das Turn, am liebsten im Trab und noch besser, wenn die anderen zwei auch mitmachen.

Elliot hat sich zu einem tollen Pony entwickelt und fühlt sich in seiner Gruppe sehr wohl.

TRICKS FÜR RÜCKEN UND BAUCH

SÄGEBOCK UND PLIÉE

Die folgenden Tricks sind zwar leicht zu erlernen, aber unheimlich anstrengend für dein Pferd. Das Erlernen bedarf einiges an Geschick und Geduld. Der Mehrwert ist dafür aber auch gewaltig.

Cruzado-Wallach Viento Vistoso im „Sägebock".

Benötigte Utensilien: kleine Leckerlis, Halfter, Strick, Stange o. Ä.

Die Pferde können durch das Erlernen dieser Übungen reell im gesamten Körper verbessert werden. Die Auswirkungen sind in der täglichen Arbeit deutlich spürbar. Außerdem stärken sie neben der körperlichen Leistungsfähigkeit auch das Selbstbewusstsein. Das Pliée ist eine wundervolle Übung, um beide Schultern, aber auch den gesamten Körper zu strecken. Jedes Pferd macht diese Bewegung ab und zu, um sich z. B. morgens zu dehnen. Die Zwischenübung „Sägebock" ist dabei einfacher zu erarbeiten und bietet bereits einen großen Mehrwert für dein Pferd. Sollte dir das Pliée vorerst also nicht gelingen, bleibe beim „Sägebock", bis deinem Pferd diese Dehnung optimal gelingt und arbeite erst dann weiter.

01 – 03
Schritt für Schritt vergrößert sich der Abstand von Vorder- und Hinterbeinen.

SO GEHST DU VOR

Nimm dir eine einfache Stange oder etwas Ähnliches und lege diese auf den Boden. Nun führst du dein Pferd mit den Vorderbeinen über die Stange, die Hinterbeine bleiben vor der Stange stehen. Nimm dir kleine Leckerlis in die eine Hand und den

01

Strick in die andere und stell dich direkt vor dein Pferd. Locke es nun nach vorn und nutze die ganze Zeit dein Sprachkommando, z. B. Pliée. Bringe deinem Pferd bei, dass es immer, wenn es mit einem Vorderbein nach vorn geht, ein Leckerli bekommt. Setzt es ein Vorderbein und ein Hinterbein nach vorn, bekommt es nichts, setzt es ein Hinterbein über die Stange, wird es zurückgeschickt und bekommt natürlich auch nichts.

Mit etwas Übung und ein paar Wiederholungen wird dein Pferd schnell verstehen, dass es in die Sägebock-Haltung gehen soll. Es streckt die Vorderbeine also Schritt für Schritt nach vorn und die Hinterbeine bleiben hinten stehen. (Wenn du diese Übung benötigst, um das Kompliment zu erarbeiten, wird es schwieriger sein, das Pliée zu erreichen, aber nicht unmöglich.)

Wie immer werden die Leckerlis nach und nach reduziert, je mehr dein Pferd verstanden hat. Geht es problemlos in die Sägebock-Haltung, soll dein Pferd nun den Brustkorb nach unten und hinten schieben, um ins Pliée zu kommen.

WICHTIG

Du möchtest nicht verhindern, dass dein Pferd ein Hinterbein über die Stange setzt. Wenn es dies nicht tut, kannst du ihm nicht klarmachen, dass es das nicht tun soll. Um diese Übung zu verstehen, ist es also wichtig, „Fehler" zu machen. Im Gegenteil sind diese sogar erwünscht und notwendig für ein schnelles Verständnis der Übung.

03

MUSKULÄRE ZUSAMMENHÄNGE

SÄGEBOCK

In der Sägebock-Position wird die Hinterhand stärker, die Brust, Schulter und Bauchlinie weniger gedehnt, als im Pliée. Grundsätzlich sprechen beide Übungen aber dieselben Muskelgruppen an, nur in unterschiedlicher Intensität. Es ist also grundsätzlich schon sinnvoll, beide Positionen eine Weile aushalten zu lassen, um den gesamten Körper in Dehnung zu bringen. (Muskelliste: siehe Pliée)
Um dies zu erreichen, gehst du neben dein Pferd und lockst mit einem Leckerli oder Längsmöhrchen den Kopf zwischen die Beine, wie beim Kompliment. Berühre währenddessen mit deiner Hand die Gurtlage, um verständlich zu machen, dass dieser Bereich nach unten bewegt werden soll. Hat dein Pferd auch dies verstanden, muss das Leckerli wieder vor den Vorderbeinen gefüttert werden, damit der Brustkorb nach unten kommt, der Kopf aber vorn und oben bleibt.
Spätestens wenn dies gelingt, kann die Stange einfach weggelassen werden. Sollte dein Pferd ohne Stange Schwierigkeiten mit dem Pliée zeigen, arbeitest du wieder genauso, als wäre eine Stange vor den Hinterbeinen.

PLIÉE

Im Pliée wird die Muskulatur im gesamten Körper gedehnt. Diese Übung ist also eine der wichtigsten, wenn es um die Gesunderhaltung geht. Vom Genick, Hals, Rücken bis in den Schweif und von der Brust, Schulter, Bauch bis ins Hinterbein wird im Pliée jeder noch so kleine Muskel beansprucht. Die Wichtigkeit dieser Übung, aber auch ihre Schwierigkeit, ist entsprechend groß. Bei Sägebock und Pliée wird die gleiche Muskulatur beansprucht, wie bei der Bergziege. Allerdings wird diese hier gedehnt und nicht angespannt. Das eine ist also die Gegenbewegung des anderen und gleichermaßen wichtig für eine funktionale Muskulatur.

Für eine vermehrte Dehnung lockst du den Kopf zwischen die Vorderbeine.

1 Langer Zehenstrecker
2 Tiefe Beugesehne
3 Oberflächliche Beugesehne
4 Zweiköpfiger Oberschenkelmuskel
5 Spanner der Oberschenkelfaszie
6 Äußerer, schräger Bauchmuskel
7 Äußerer, schiefer Bauchmuskel
8 Dreiköpfiger Armmuskel
9 Trapezmuskel

BETEILIGTE MUSKELGRUPPEN

- Langer Zehenstrecker *(M. extensor digitorum longus)*
- Seitlicher Zehenstrecker *(M. extensor digitorum lateralis)*
- Tiefe Beugesehne *(M. flexor digitorum profundus)*
- Oberflächliche Beugesehne *(M. flexor digitorum superficialis)*
- Strecker des Vorderfußwurzelgelenks *(M. extensor carpi ulnaris)*
- Beuger des Vorderfußwurzelgelenks *(M. flexor carpi ulnaris)*
- Fersensehnenstrang – Wadenmuskel *(M. Gastrocnemius)*
- Zweiköpfiger Oberschenkelmuskel *(M. biceps femoris)*
- Vorderer Schienbeinmuskel *(M. tibialis cranialis)*
- Schollenmuskel *(M. soleus)*
- Halbsehniger Muskel *(M. semitendinosus)*
- Halbhäutiger Muskel *(M. semimembranosus)*
- Gesäßfaszie *(fascia glutea)*
- Brust-Lenden-Faszie *(fascia thoracolumbalis)*
- Oberflächlicher Kruppenmuskel *(M. gluteus superfacialis)*
- Spanner der Oberschenkelfaszie *(M. tensor fasciae latae)*
- Langer-, schräger Oberschenkelmuskel/Schneidermuskel *(M. sartorius)*
- Vierköpfiger Oberschenkelmuskel *(M. quadriceps femoris)*
- Äußerer, schräger Bauchmuskel *(M. obliquus ext. abd.-aponeurosis)*
- Äußerer, schiefer Bauchmuskel *(M. obliquus externus abdominis)*
- Querverlaufender Bauchmuskel *(M. transversus abdominis)*
- Ventraler, gesägter Muskel *(M. serratus ventralis)*
- Dorsaler, gesägter Muskel *(M. serratur dorsalis)*
- Breiter Rückenmuskel *(M. latissimus dorsi)*
- Dreiköpfiger Armmuskel *(caput longum + mediali + laterale mi. tricipitis brachii)*
- Deltamuskel *(M. deltaoideus)*
- Trapezmuskel *(M. trapetius)*
- Lange Rücken- und Halsmuskulatur (allgemein)

Die beim „Podest" besonders beanspruchten Muskelgruppen.

PODEST

Benötigte Utensilien: ein stabiles Podest, Halfter und Strick, beliebte Leckerlis

Um ein Pferd auf ein Podest steigen zu lassen, muss man zu Beginn auf ein paar Dinge achten.

1. Die Vorderbeine dürfen nicht zu nah und nicht zu weit entfernt vom Podest stehen.
2. Dreht das Pferd sich um das Podest, dreht man sich selber mit, bleibt aber gegenüber vom Pferd.
3. Diese Übung bedarf Geduld, dann klappt es meist bereits nach wenigen Minuten zum ersten Mal.
4. Hierfür sind zwei Personen optimal zum Üben, es geht mit etwas Geschick aber auch allein.
5. Für das Podest reichen einige kleinere Leckerlis aus, Möhren oder Äpfel in Stückchen geschnitten gehen auch ganz prima.

SO GEHST DU VOR

Zeige deinem Pferd erstmal das Podest. Einige Pferde finden Podeste unheimlich und müssen sich erst einmal damit arrangieren. Sobald es bereit ist, sich auf dich zu konzentrieren, stelle dein Pferd ca. eine halbe Vorderbeinlänge vom Podest entfernt hin. Steht es zu nah, könnte es beim Strecken des Vorderbeins auf das Podest auf der gegenüberliegenden Seite herunterrutschen bzw. kann das Bein nicht ausreichend strecken, um sich vernünftig hochzudrücken und das zweite Bein auf das Podest zu setzen. Steht es zu weit entfernt, könnte es von der Kante rutschen oder muss das Bein zu weit strecken, sodass es sich nicht mehr hochdrücken kann. Greife nun eines der Vorderbeine unter dem Fesselkopf und setzte es mittig auf das Podest. Hierfür darf dein Pferd gern bereits einen Keks bekommen. Arbeitest du mit zwei Personen, steht derjenige, der das Pferd am Strick hält, genau gegenüber vom Pferd und animiert es, nach oben vorwärts zu kommen, während der andere das Vorderbein auf das Podest stellt. Die zweite Person hält das Bein unter dem Fesselkopf locker fest, um zu verhindern, dass das Pferd den Fuß wieder vom Podest runter setzt. Arbeitet man allein, wird man das eine Bein immer wieder auf das Podest aufsetzen müssen, bis die ersten Versuche unternommen werden, das Körpergewicht auf das Bein auf dem Podest zu verlagern und sich hochzudrücken. Für manche Pferde ist es aber einfacher, wenn nur eine Person mit ihm arbeitet. Nicht selten lassen Pferde sich nicht gern an die Vorderbeine fassen. Auch braucht es individuell viel Zeit, bis dein Pferd die Scheu vor dem Podest verloren hat. Eine zweite Person könnte hier als Druck empfunden werden und diesen Trick unnötig erschweren. Die meisten Pferde allerdings lassen ein Arbeiten zu zweit problemlos zu.

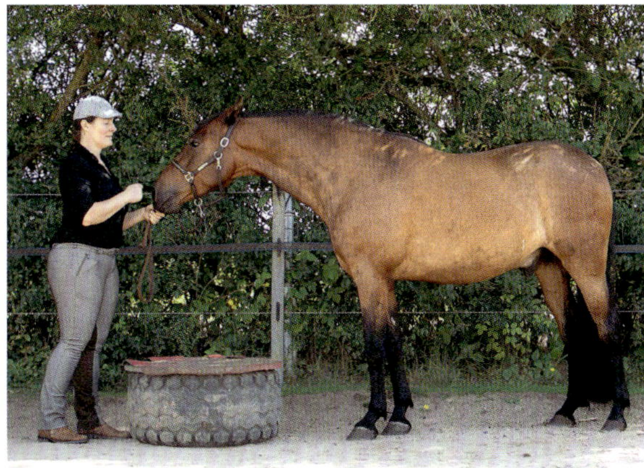

01

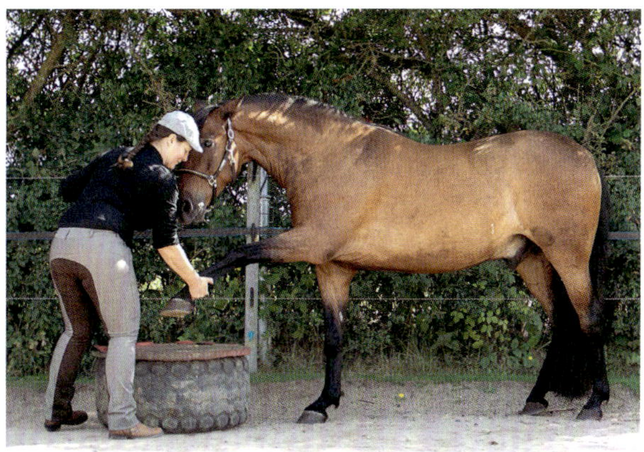

02

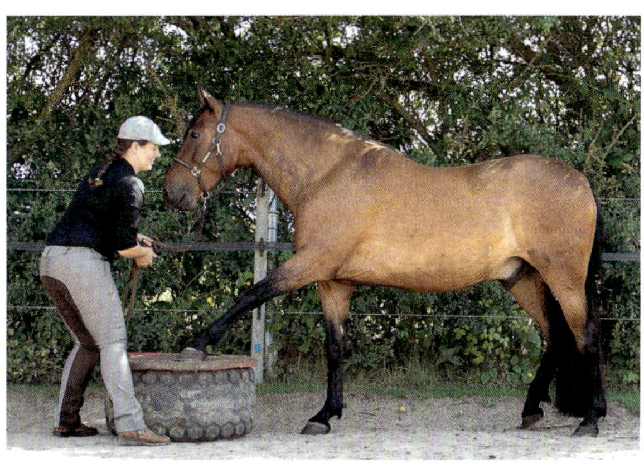

03

01 Führe dein Pferd zunächst an das Podest heran, damit es das Objekt kennenlernen kann.

02 Greife nach einem Vorderbein ...

03 ... und stelle es mittig auf dem Podest ab. Belohne das Pferd dafür.

MÖGLICHE FEHLER

Oft wird nur das Gewicht auf das Bein auf dem Podest verlagert, aber das zweite Bein nicht reell vom Boden gehoben. Manche Pferde drücken sich auch auf das Podest hoch, lassen aber das zweite Bein in der Luft hängen, als könnten sie es nicht bewegen.

BEIN HÄNGT IN DER LUFT

In jedem Fall muss jedes Mal, wenn das Pferd seine Position eine halbe Vorderbeinlänge vor dem Podest verlassen hat, wieder von vorn begonnen werden. In der Regel genügen drei bis vier Anläufe, um das erste Mal mit beiden Vorderbeinen auf das Podest

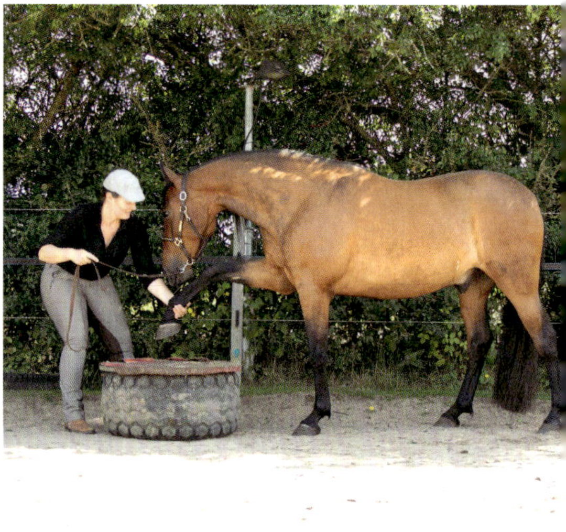

Die andere Seite muss genauso geübt werden.

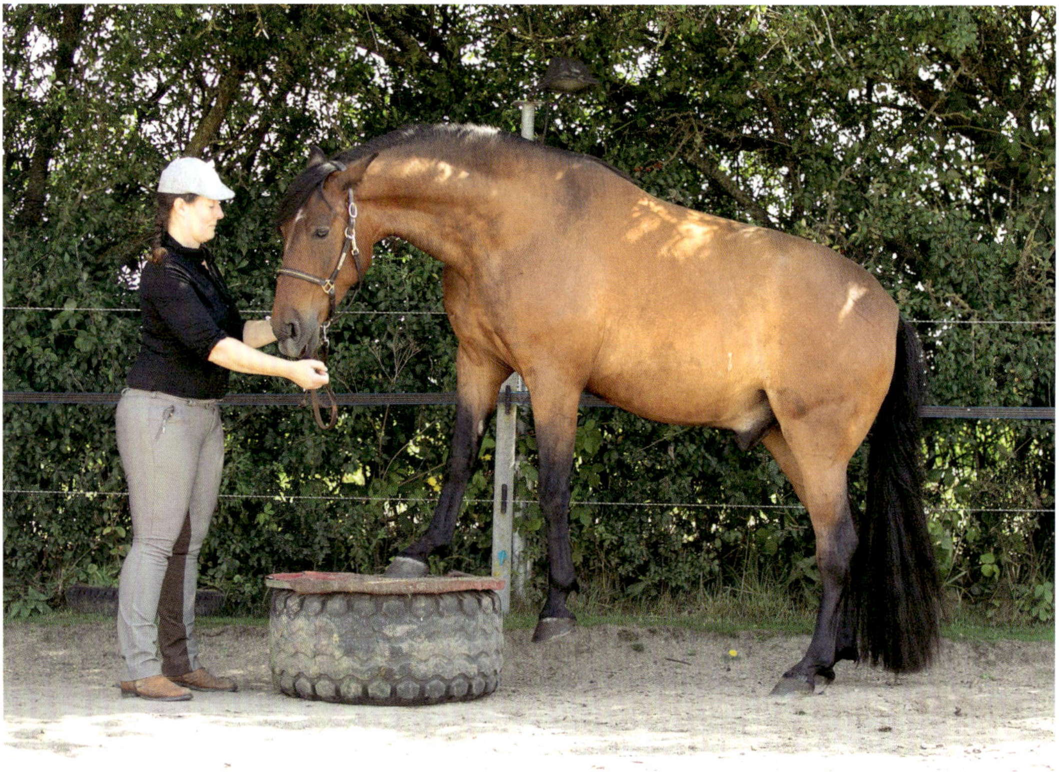

Häufiger Fehler: Das Pferd lässt ein Bein in der Luft hängen.

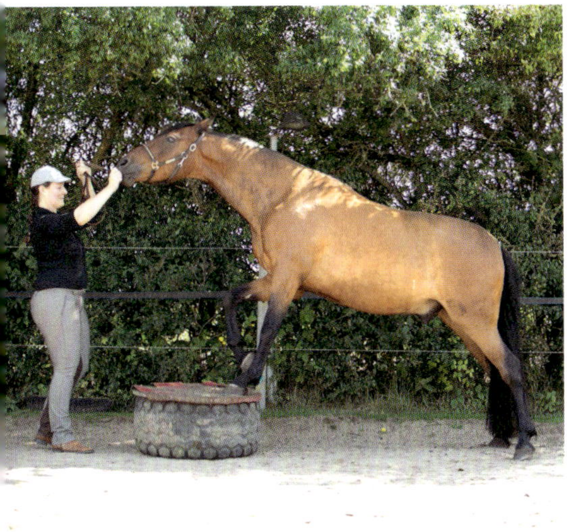

Fast geschafft, Leckerli nicht vergessen!

Das noch hängende Bein muss ebenfalls aufs Podest.

zu kommen. Andere Pferde setzen dies schon nach dem ersten Versuch um, wieder andere benötigen zehn und mehr Anläufe, um sich zu trauen. Definitiv lohnt es sich hier aber, geduldig zu sein. Bis auf sehr wenige Ausnahmen empfinden alle Pferde das Stehen auf dem Podest als angenehm. Sei es nun des besseren Überblicks halber, was ich bei kleineren und jüngeren Pferden immer wieder sehe, oder aber der Rückendehnung halber. Nicht selten knackt es das ein oder andere Mal im Pferdehals oder Rücken während dieser Übung, was den Pferden sehr guttut.

Hilf deinem Pferd anfangs auch wieder vom Podest runter zu gehen, indem du es sanft an der Brust rückwärts schickst. Sollte dein Pferd Tendenzen zeigen, vorwärts vom Podest runter gehen zu wollen, verhindere dies bitte, um ein Stolpern der Hinterbeine zu verhindern.

Mit genügend Übung kann, nach Erlernen der Bergziege, auch das Aufsteigen mit allen vier Beinen auf das Podest erarbeitet werden.

MUSKULÄRE ZUSAMMENHÄNGE

Beim Aufsteigen auf das Podest wird die Schultermuskulatur stark beansprucht. Steht das Pferd dann auf dem Podest, findet vor allem im Rücken, Bauch und vorderem Teil der Hinterbeine eine Dehnung statt. Diese variiert in Abhängigkeit von der Höhe des Podests, bzw. von der Größe des Pferdes. Je höher das Podest im Verhältnis zur Größe des Pferdes, desto intensiver ist die Dehnung.

BETEILIGTE MUSKELGRUPPEN

- Schneidermuskel *(M. satorius)*
- Äußerer schräger Bauchmuskel *(M. obliquus ext. abd.-aponeurosis)*
- Thorakolumbale Faszie *(fascia thoracolumbalis)*
- Oberflächlicher Kruppenmuskel *(M. gluteus superficialis)*
- Spanner der Oberschenkelfaszie *(M. tensor fasciae latae)*
- Langer Zehenstrecker *(M. extensor digitorum longus)*
- Tiefe Beugesehnen *(M. flexor digitorum profundus)*

PRE-Wallach Incoloro in der „Bergziege".

BERGZIEGE

Benötigte Utensilien: Halfter und Strick, kleine Leckerlis, eine Stange o. Ä.

Die Bergziege ist zu Beginn sehr leicht zu erarbeiten. Erst die letzten Schritte, um die Bergziege jederzeit ohne Hilfestellung abrufen zu können, bedürfen etwas Geduld.

SO GEHST DU VOR

Lege irgendwo frei eine Stange auf den Boden. Führe dein Pferd direkt davor und gehe selber auf die gegenüberliegende Seite vor dein Pferd. Hocke dich so weit entfernt von deinem Pferd hin, dass du es voranlocken kannst.

Jetzt hältst du deinem Pferd ein Leckerli direkt vor die Nase und lockst es vorwärts abwärts. Als Sprachkommando nutze ich „Ziege", es geht aber natürlich auch jedes andere Wort. So ist es später leichter, die Bergziege ohne weitere Hilfe abzufragen.

01 Die Vorderbeine befinden sich knapp hinter der Stange.

02 Hier ist nur ein Vorderbein hinter der Stange.

03 Die Vorderbeine sind jetzt neben der Stange.

01

Dein Pferd muss verstehen, dass es vorwärts gehen soll, allerdings nur mit den Hinterbeinen. Die Stange hilft dabei, die Vorderbeine zu begrenzen. In der Regel setzen die Pferde schon sehr bald das erste Hinterbein voran. Wird ein Vorderbein über die Stange gestellt, wird es freundlich zurück vor die Stange gesetzt.

Das Prinzip ist:
- Hinterbein vorsetzten = Leckerli
- Hinterbein und Vorderbein vorsetzten = nichts
- Vorderbein über die Stange heben = zurückschicken.

Leckerlis gibt es also nur für das Vorsetzten eines Hinterbeins ohne ein zweites Bein zu bewegen.
Oft verstehen die Pferde sehr schnell und stellen sich sehr unproblematisch in eine Bergziegen-Position. Wiederhole diese Übung einige Male, indem du mehrmals die Hinterbeine zurückschickst und dann wieder vorholst. Optimalerweise bleiben die Vorderbeine dabei stehen.

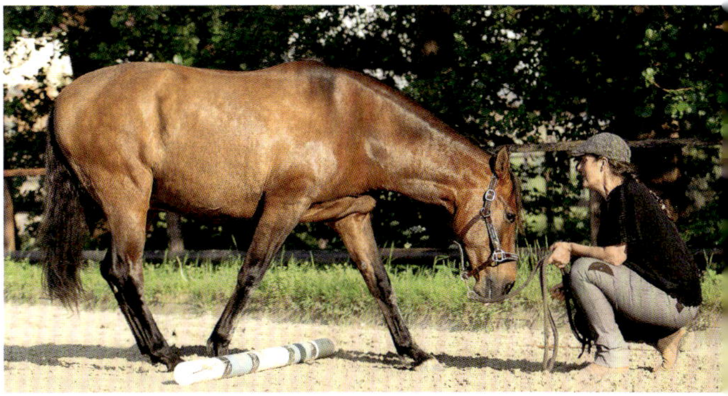

Das Pferd führt ein Vorderbein über die Stange – der erwünschte „Fehler".

WICHTIG

Verhindere keinesfalls, dass dein Pferd das Vorderbein über die Stange stellt. Wenn es diesen „Fehler" nicht machen darf, kannst du nicht erklären, dass die Vorderbeine stehen bleiben sollen. Je öfter es die Vorderbeine über die Stange setzt, desto besser kannst du erklären, dass diese hinter der Stange bleiben und nur die Hinterbeine vorgesetzt werden sollen. Daher ist dieser „Fehler" sehr wünschenswert.

2

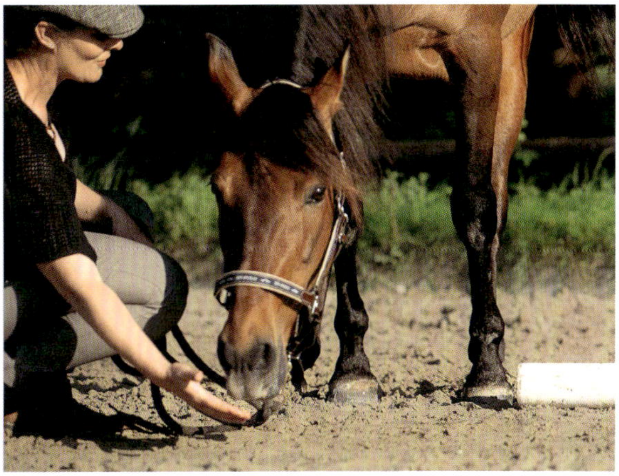

03

Die nächste Schwierigkeitsstufe wird begonnen, wenn dein Pferd direkt auf dein Hinhocken in die Bergziegen-Position geht. Dann wird die Stange so weit zur Seite gezogen, dass sie nur noch knapp vor beiden Vorderhufen liegt. Gelingt auch dies, wird die Stange weiter zur Seite weggezogen, sodass sie nur noch vor einem Huf liegt und zum Schluss wird die Stange ganz zur Seite gelegt. Spätestens jetzt wird dein Pferd die Vorderbeine voransetzten. Du tust einfach so, als wäre die Stange noch vor den Vorderbeinen. Der Abdruck der Stange kann hier hilfreich sein.
Um die Übung abzuschließen, gehst du nun an eine völlig andere Stelle und fragst die Bergziege erneut ohne optische Begrenzung ab. Dieser letzte Lernschritt wird am einfachsten verstanden, wenn du dich weiterhin verhältst, als ob die Stange noch immer vor den Vorderbeinen liegen würde.
Sollte dein Pferd sich schwertun ohne die Hilfe der Stange, geh einfach ein oder zwei Schritte im Lernen zurück und wiederhole das Ganze mit Stange. Manchmal muss erst genug Kraft aufgebaut werden.

MUSKULÄRE ZUSAMMENHÄNGE

Wenn du von der Seite auf dein Pferd schaust, während es in der Bergziege steht, kannst du deutlich erkennen, wie die verschiedenen Muskelpartien, die hier beteiligt sind, arbeiten. Der gesamte Rumpf wird an- und abgespannt. Das Gleichgewicht wird dabei immer wieder von der Vorhand auf die Hinterhand verlagert. Der Rücken, die Knie, die Hinterhand und Schulter; alles befindet sich kurz in wiederholender Anspannung. Dies macht die Bergziege zu einer Schlüsselübung für den Aufbau der Rumpfmuskulatur, wenn dies auf andere Weise nicht gelingt. Die Bergziege kann auch zum Erhalt der Rumpfmuskulatur beitragen z. B. in Stehphasen, nach einer Krankheit oder im Alter.

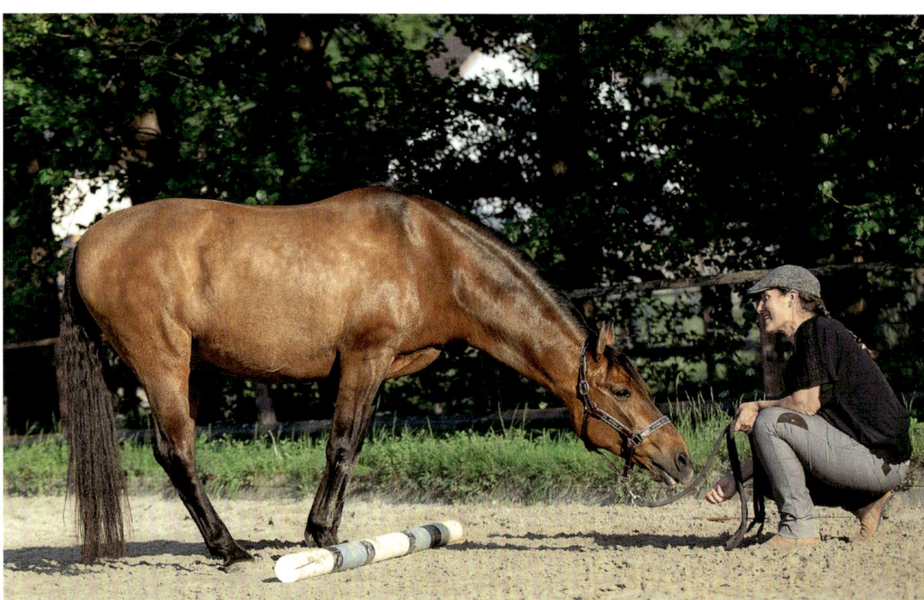

Die Stange hilft dem Pferd zu verstehen, dass es nicht mit den Vorderbeinen nach vorn gehen soll.

In der Bergziege wird die Rumpfmuskulatur in optimaler Weise trainiert.

BETEILIGTE MUSKELGRUPPEN

- ① **Langer Zehenstrecker** *(M. extensor digitorum longus)*
- Seitlicher Zehenstrecker *(M. extensor digitorum lateralis)*
- Tiefe Beugesehne *(M. flexor digitorum profundus)*
- Oberflächliche Beugesehne *(M. flexor digitorum superficialis)*
- Fersensehnenstrang – Wadenmuskel *(M. gastrocnemius)*
- ② **Zweiköpfiger Oberschenkelmuskel** *(M. biceps femoris)*
- Vorderer Schienbeinmuskel *(M. tibialis cranialis)*
- Schollenmuskel *(M. soleus)*
- Halbsehniger Muskel *(M. semitendinosus)*
- Halbhäutiger Muskel *(M. semimembranosus)*
- ③ **Gesäßfaszie** *(fascia glutea)*
- ④ **Brust-Lenden-Faszie** *(fascia thoracolumbalis)*
- Oberflächlicher Kruppenmuskel *(M. gluteus superfacialis)*
- Spanner der Oberschenkelfaszie *(M. tensor fasciae latae)*
- Langer-, schräger Oberschenkelmuskel/ Schneidermuskel *(M. sartorius)*
- Vierköpfiger Oberschenkelmuskel *(M. quadriceps femoris)*
- Äußerer, schräger Bauchmuskel *(M. obliquus ext. abd.-aponerosis)*
- Äußerer, schiefer Bauchmuskel *(M. obliquus externus abdominis)*
- Querverlaufender Bauchmuskel (M. transversus abdominis)
- Ventraler, gesägter Muskel *(M. serratus ventralis)*
- Dorsaler, gesägter Muskel *(M. serratus dorsalis)*
- ⑤ **Trapezmuskel** *(M. trapezius)*
- ⑥ **Deltaförmiger Muskel** *(M. deltoideus)*
- ⑦ **Dreiköpfiger Armmuskel** *(caput longum + mediali + laterale mi. tricipitis brachii)*
- ⑧ **Radiale Strecker des Vorderfußwurzelgelenks** *(M. extensor carpi radialis)*
- Lange Rücken- und Halsmuskulatur (allgemein)

Darf ich vorstellen: INCOLORO

Incoloro, genannt „Ino", kam 2020 mit seiner Schwester als acht Monate altes Fohlen zu mir. Beide Pferde stammten von einem Gestüt, das aufgelöst wurde.

INCOLORO
PRE
Wallach

Die zwei waren die letzten übrig gebliebenen Pferde. Sie befanden sich in einem so schlechten Zustand, dass ich nicht mit Sicherheit sagen konnte, ob sie überleben würden. Sie waren abgemagert und so schlimm verwurmt, wie ich es vorher und nachher nicht gesehen habe. Die ersten drei Salzlecksteine haben die zwei aufgrund der starken Mangelerscheinungen mehr gegessen, als geleckt. Nach einigen Wochen, in denen ich beide aufpäppelte, haben sie nach und nach kleinere Zirzensik-Lektionen gelernt.
Calida, Inos Schwester, lebt heute bei einer großartigen Schülerin von mir. Ino ist fester Bestandteil meiner kleinen Herde und lernt jetzt (im Jahr 2025) alles, was nötig ist, um ein tolles Reitpferd zu werden. Inos absolute Liebelings-Zirzensik-Lektion ist das Kompliment.

Darf ich vorstellen:
VIENTO VISTOSO

Viento Vistoso, ich nenne ihn „Vito“, kam 2021 von einem Händler direkt aus Spanien mit zwei weiteren Jährlingen und sollte eigentlich verkauft werden, wie die anderen beiden.

VIENTO VISTOSO
Cruzado
Wallach

Allerdings hatte ich bereits nach wenigen Tagen eine so starke Verbindung zu diesem bildschönen Pferd aufgebaut, dass ich ihn nicht verkaufen konnte.
Vito ist gleich alt wie Ino, was die zwei natürlich sehr genießen. Von seinem Wesen ist Vito allerdings wesentlich spritziger und noch etwas unreif. Daher bekommt er noch etwas mehr Zeit für seine Entwicklung und lernt bis dahin ganz in Ruhe alles Notwendige für sein späteres Leben.
Die Zirzensik ist seine Lieblingsbeschäftigung und Vito ist immer der erste, der neben mir steht und Tricks anbietet, wenn ich frage, wer von den Jungs Lust hat, etwas zu arbeiten. Er mag das Steigen besonders gern, wie man auf den Bildern deutlich in seinem Gesicht ablesen kann.

Darf ich vorstellen: GAUTBY ARCLID FLASHMAN

Dieser traumschöne Shirehorse-Wallach ziert das Titelbild dieses Buches. Eine liebe Schülerin entdeckte ihn auf einer Reise nach England direkt auf einer Show.

GAUTBY ARCLID FLASHMAN
Shirehorse
Wallach

Flashi liebt die Zirzensik-Lektionen und ist mit seiner Statur und Farbe ein echter Hingucker.

Denn Flashi hat in England so ziemlich alle Preise gewonnen, die ein Shirehorse nur gewinnen kann. Wenn man dieses beeindruckende Pferd sieht, wundert man sich darüber nicht mehr. Da er so einen beeindruckenden Spanischen Schritt zeigen kann, wurde er zu meinem Cover-Model für dieses Buch. Als meine Schülerin mich bat, ihn in Beritt zu nehmen, konnte er schon ein paar Zirzensik-Lektionen wie Podest, Spanischen Gruß und das Kompliment, hatte diese aber mit Beinlonge und unter Druck erlernt. So war meine Aufgabe sowohl beim Reiten, als auch in der Bodenarbeit und Zirzensik, erstmal den Druck herauszunehmen.
Flashman und ich haben über viele Jahre eine tolle Freundschaft aufgebaut. Und auch wenn wir uns aus verschiedenen Gründen nur noch selten sehen, ist Flashi jedes Mal, wenn ich Gelegenheit habe mit ihm zu arbeiten, übermotiviert und liebt die Zirzensik mehr als alles andere.
Seine absolute Lieblingslektion ist definitiv der Spanische Schritt.

Percy hat durch die Zirzensik gelernt, mit Ruhe die gestellten Aufgaben zu erfüllen.

Darf ich vorstellen: PERCEPHONIES

Percephonies ist der PRE-Wallach von einer Praktikantin. Er ist in Spanien aufgewachsen und angeritten worden.

PERCEPHONIES
PRE
Wallach

Achtjährig kam er dann nach Österreich zu einem Trainer, der ihn an meine Praktikantin verkaufte. Percy ist jederzeit für die Zirzensik zu haben. Er konnte bereits steigen und den Spanischen Schritt, als er kam. Und diese beiden Lektionen sind definitiv seine liebsten Lektionen.
Aber wie hier im Buch zu sehen, ist sein Repertoire inzwischen deutlich größer. Manchmal tut Percy sich schwer mit seiner inneren Ruhe. Wenn man in solchen Momenten Zirzensik-Lektionen abfragt, ist er schnell wieder bei der Sache und arbeitet toll mit.

MASTERCLASS

ABLEGEN (AUFRECHT UND FLACH)

Die folgenden Tricks sind die schwierigsten in der Zirzensik. Um diese zu erarbeiten empfiehlt es sich, bereits gute Vorarbeit geleistet zu haben. Ablegen und Sitzen kann mehrere Monate oder sogar Jahre geduldiges Training dauern.

Benötigte Utensilien: Halfter und Strick, Gerte, Leckerlis

Du solltest diese Übungen also nur beginnen, wenn dir klar ist, dass du viel Geduld haben musst und möglicherweise lange den Eindruck hast, nie an dein Ziel zu kommen. Das Ablegen ist die am häufigsten nachgefragte Lektion in meinen Zirzensik-Kursen. Mir ist es sehr wichtig, das Liegen nicht in Zusammenhang mit einer anderen Lektion beizubringen. Nutzt man beispielsweise das Kompliment oder das Knien als Vorübung, geht diese als separate Lektion verloren. Das wäre sehr schade um diese Lektionen, da jede für sich wertvoll ist.

Macht man das Pferd nass und lobt das natürliche Verhalten des Wälzens, bekommt man nicht Hinlegen, sondern Wälzen. Zudem ist es mit dieser Methode schwierig, das Ablegen zuverlässig auf Kommando beizubringen. Auch das Nutzen einer Beinlonge bitte ich zwingend zu unterlassen. Die Beinlonge ist ein unheimlich gefährliches Hilfsmittel, das nichts weiter tut, als das Pferd zu fesseln. Was wir möchten ist, das Wälzverhalten in einzelnen Schritten abzurufen und beim aufrechten Hinlegen vorerst zu unterbrechen. Das flache Ablegen wird dann daraus

Oldenburger Wallach Farbenfroh zeigt das aufrechte Liegen.

erarbeitet. Auf meinem YouTube-Kanal: „Klassische Reitausbildung, Ilka Stehn" findet ihr ein Video, das euch sicher hilft, die einzelnen Schritte zu erarbeiten.

Übt immer auf einem trockenen und weichen Boden!

SO GEHST DU VOR

Wir beginnen damit, uns vor das Pferd zu hocken und mit der Gerte vor den Vorderbeinen auf den Boden zu klopfen. Gleichzeitig nehmen wir mit der anderen Hand den Strick kurz unter dem Maul und locken den Kopf mit den Leckerli Richtung Boden.
Das erste, was das Pferd lernen muss, ist auf das Klopfen mit der Gerte auf den Boden den Kopf nach unten zu nehmen.
Gelingt dies, wird das Pferd mit dem Strick und dem Leckerli etwas nach vorwärts gelockt. Die Gerte klopft währenddessen weiter auf den Boden. Setzt das Pferd eines der Vorderbeine nach vorn, wird es mit der Gerte touchiert, um es wieder zurück zu setzen bzw. es anzuheben. Der Wunsch für den zweiten Schritt ist das Anheben eines Vorderbeins und das gleichzeitige Vorsetzen der Hinterbeine. Dieser Schritt gelingt bei konsequenter Hilfengebung oft bereits nach nur wenigen Versuchen.
Der dritte Schritt ist dann das wechselseitige Anheben der Vorderbeine, bis das Pferd ins Knien kommt. Bis zu diesem Schritt ist es meist der längste Weg. Von außen betrachtet sieht man aber spätestens jetzt, dass das Pferd bereits verstanden hat, dass es sich ablegen soll. Sobald dein Pferd zuverlässig auf das Klopfen mit der Gerte in ein Knien geht, beginnst du den Kopf mit dem Leckerli in verschiedenen Positionen zu füttern. Vielen Pferden hilft es, wenn der Kopf weiter nach vorn, anderen wenn der Kopf in Richtung der Schulter, also seitlich und nach hinten gelockt wird. Probiere es ruhig aus!

01

02

03

01 Mit der Gerte auf den Boden klopfen bedeutet: Kopf tief.

02 Die Vorderbeine leicht touchieren, ein Vorderbein wird eingeknickt, dann folgt das andere.

03 Das Pferd geht ins Knien und die Hinterhand schiebt unter.

Nun ist es vor allem eine Frage von Geduld, bis der erste Ablege-Versuch gemacht wird. Der vierte Schritt, das Ablegen, passiert korrekterweise nun durch ein Abrollen über die Schulter. WICHTIG: Bleib ruhig, wenn dein Pferd sich zum ersten Mal hinlegt. Menschliche Freude wird von Pferden oft fehlinterpretiert und kann als Schimpfen definiert werden. Nimm dich zusammen und lobe ruhig. Füttere solange Leckerlis, wie dein Pferd am Boden liegt und kauen kann. Lass es so lange liegen, wie es möchte und gib die ganze Zeit Leckerlis.

HÄUFIGE FEHLER

Sollte das Pferd den Kopf hochreißen, muss Druck auf den Strick nach unten ausgeübt werden. Um ein möglichst schnelles Nachgeben nach unten zu unterstützen, wird der Keks genutzt. Am einfachsten ist es, den Keks zwischen die Lippen zu halten, um die Aufmerksamkeit wieder nach unten zu lenken. Manche Pferde laufen einfach vorwärts oder seitwärts auf den Menschen zu und reagieren schlecht auf das Touchieren mit der Gerte. Hier muss sehr konsequent rückwärts geschickt werden, um mögliche Unfälle zu verhindern. Das Vorwärtslaufen ist in dieser Phase zwingend zu unterbinden. Es muss eine Stelle am Bein gefunden werden, an der das Pferd auf das Touchieren reagiert. Alternativ muss die Dosierung so gewählt werden, dass möglichst unproblematisch reagiert wird. Erfahrungsgemäß hilft es bei einigen Pferden gut, Hartschalengamaschen an den Vorderbeinen anzubringen, um ein deutliches Geräusch zu erzeugen, ohne Schmerzen zu verursachen. Bei anderen Pferden hilft es nur, den Reiz zu finden, auf den es reagiert. Meist ist dieser vom Huf selber, über den Kronrand, die Fessel und bis zum seitlichen oder vorderen Röhrbein zu finden. Oft genügt es, den Gertenschlag (das Bändchen am Ende der Gerte) zu verwenden. Wichtig ist, dass deutlich mehr auf den Boden geklopft wird, weil dies das endgültige Signal wird zum Ablegen. Auch das Nach-vorn-Ausschlagen zeigen viele Pferde als Lösung. Besonders, wenn sie vorab schon den Spanischen Schritt erlernt haben. Solange der Kopf unten bleibt, ist dies kein großes Problem. Zum einen können Pferde ihre Vorderbeine nicht so hoch und weit heben, wenn der Kopf unten ist, zum anderen passiert es manchmal, dass sie sich selber mit dem Vorderbein am Kinn berühren, was im Normalfall ein direktes Verständnis für einen „Fehler" herstellt. Die einzelnen Lernschritte brauchen bei jedem Pferd individuell viel oder wenig Zeit.

01

02

Das schnellste Ablegen hat mein Shetty Chili seinerzeit gezeigt, der es in etwa fünfzehn Minuten verstanden hatte. Das Pferd, das am längsten gebraucht hat, gehört mir auch. Es war mein Oldenburger Farbenfroh, den ihr auf den Fotos hier seht. Er hat zweieinhalb Jahre gebraucht ... Normal ist es aber, dass es einige Wochen bis mehrere Monate mit wenigen kurzen Trainingseinheiten dauert. Je nach Temperament und Vorkenntnissen dauert es mehr oder weniger lange.

MUSKULÄRE ZUSAMMENHÄNGE

Im Prozess des Ablegens wird die gesamte Körpermuskulatur in den einzelnen Schritten benötigt. Dies ist ein Grund, warum das Ablegen zur Masterclass gehört. Ein wiederholtes Ablegen auf Kommando führt schnell zur Verweigerung dieser Übung, da es unheimlich anstrengend für Pferde ist,

sich hinzulegen. Aber auch im Aufstehen wird der gesamte Körper beansprucht, weshalb das Ablegen sozusagen „doppelt anstrengend“ ist. Im Liegen selber gibt es aber keine muskuläre Anspannung oder Dehnung. Hier ist vielmehr die mentale Entspannung ein großes Thema. Einen effektiven, körperlichen also muskulären Trainingseffekt könnte man mit dieser Übung nur erzielen, wenn man das Pferd häufiger ablegen und aufstehen ließe. Das macht allerdings überhaupt keinen Sinn, weshalb das Ablegen im Zusammenhang mit Training nicht relevant ist.

FLACH LIEGEN

Wenn das aufrechte Ablegen zuverlässig klappt, kannst du anfangen, das flache Liegen zu erarbeiten. Hierfür hockst du dich auf der Rückenseite neben den Kopf deines Pferdes. Halte ihm nun ein Möhrchen vor die Nase und locke den Kopf nach vorn und seitlich zu dir hin.
Zu Anfang wird dein Pferd nur wenig mit dem Hals folgen und spätestens, wenn es etwas in Richtung des flachen Liegens kippt, das Folgen unterbrechen oder sogar wieder aufstehen. Je nach Pferd sind mehr oder weniger Wiederholungen nötig, bis das erste reelle Flachliegen angeboten wird. Wichtig ist es, geduldig zu bleiben und eine möglichst ruhige und ungestörte Atmosphäre zu schaffen.

01 – 03
Nun wird sich auf die Schulter gerollt ins Ablegen.

MUSKULÄRE ZUSAMMENHÄNGE

Im flachen Liegen gibt es ebenfalls keine erwähnenswerte Muskelspannung oder -dehnung. Die gesamte Arbeit vorher jedoch bedarf einer großen körperlichen und mentalen Sicherheit. Bereits beim Ablegen wird der gesamte Körper benutzt, weshalb ein Ablegen und flach Liegen nur ein oder zwei Mal hintereinander gefordert werden sollte, um das Pferd nicht im Ganzen zu überlasten. Wenn dein Pferd aber erstmal liegt, gibt es keine erwähnenswerte Dehnung oder Anspannen der Muskulatur, weshalb auch das flache Liegen nicht trainingsrelevant ist.

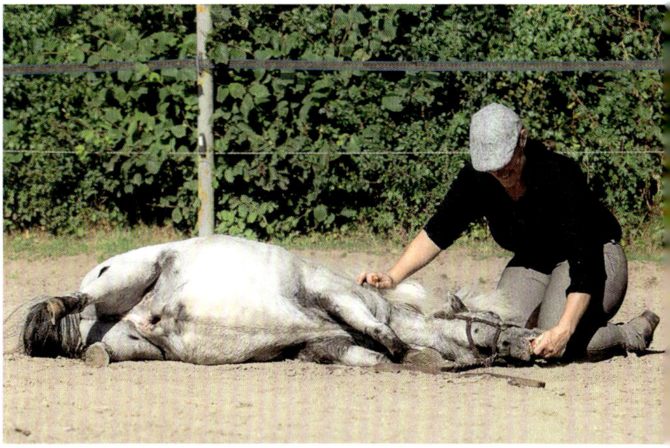

Shetty-Wallach Chili im Flachliegen.

SITZEN AUS DEM LIEGEN

Benötigte Utensilien: Leckerlis

SO GEHST DU VOR

Das Sitzen aus dem Liegen zu erarbeiten, ist gar nicht so schwierig. Zuerst lernt dein Pferd, die Vorderbeine im Liegen nach vorn zu strecken und so einen Moment zu verweilen. Dies kannst du erreichen, indem du dein Pferd aufforderst, sehr langsam aufzustehen. Oft hilft es, wenn man das Bein, welches nicht unter der Brust liegt, aktiv nach vorn zieht. Sobald ein Vorderbein nach vorn gestreckt wird, gibt es ein Leckerli.
Als nächstes lockst du den Kopf deines Pferdes in Richtung des Halses, indem du ein Leckerli so knapp unter dem Kinn hinhältst, dass dein Pferd dieses gerade eben nicht erreichen kann. Der Wunsch ist, dass dein Pferd sich Stück für Stück, abwechselnd mit beiden Vorderbeinen, hochdrücken muss, um das Leckerli zu erreichen. Für jeden Versuch in diese Richtung gibt es bereits ein Leckerli.
Anfangs wird dein Pferd immer wieder mit den Vorderbeinen vorrutschen, da der Untergrund meist zu weich ist (Sand oder Gras). Je eher du es also schaffst, deinem Pferd zu erklären, dass es den Oberkörper möglichst weit hochdrücken muss, um gut sitzen zu können, desto einfacher. Auch hier sind Geduld und Wiederholungen der Schlüssel.

MUSKULÄRE ZUSAMMENHÄNGE

Beim Sitzen muss das Pferd seine Vorderbeine und Schultern stärker in Anspannung halten, als im Stehen. Diese Übung stärkt also vor allem die Schulterpartie. Grundsätzlich ist das Sitzen aber eine eher unnatürliche Körperhaltung für Pferde und sollte daher nur so lange abgefragt werden, wie das Pferd dies auch anbietet. Versuche niemals dein Pferd am Aufstehen zu hindern.
Die Hinterbeine, die Hüfte, das Becken und der untere Rücken werden im Sitzen zusätzlich belastet. Für ein gesundes Pferd ist dies aber absolut unbedenklich.

BETEILIGTE MUSKELGRUPPEN

- Äußerer schräger Bauchmuskel *(M. oliquus ext. abd. - aponeurosis)*
- Tiefer Bauchmuskel *(M. pectoralis profundus)*
- Lateraler Kopf des dreiköpfigen Armmuskels *(caput laterale M. tricipitis brachii)*
- Radialer Strecker des Vorderfußwurzelgelenks *(M. extensor carpi radialis)*
- Zweiköpfiger Armmuskel *(M. biceps brachii)*
- Arm-Kopfmuskel *(M. brachiocephalicus)*
- Deltaförmiger Muskel *(M. deltoideus)*
- Untergrätenmuskel *(M. infraspinatus)*
- Schulter-Querfortsatzmuskel *(M. omotransversus)*
- Brustportion des rautenförmigen Muskels *(M. rhomboideus thoracis)*
- Halsportion des rautenförmigen Muskels *(M. rhomboideus cervicis)*
- Trapezmuskel *(M. trapezius)*
- Breiter Rückenmuskel *(M. latissimus dorsi)*
- Thorakolumbale Faszie *(fascia thoracolumbalis)*
- Gesäßfaszie *(fascia glutea)*

1 Äußerer schräger Bauchmuskel

2 Tiefer Bauchmuskel

3 Radialer Strecker des Vorderfußwurzelgelenks

4 Halshaut-Muskel

5 Trapezmuskel

6 Breiter Rückenmuskel

SITZEN AUF EINEM GEGENSTAND

Benötigte Utensilien: Quaderballen oder geeignete Alternative, Halfter, Leckerlis

Der Gegenstand, auf den du dein Pferd absetzen möchtest, muss unbedingt stabil genug sein, um mehrere Hundert Kilo Pferd zu tragen, weich genug, damit dein Pferd sich auch daraufsetzen möchte, breit genug, damit dein Pferd nicht davon herunterrutschen kann und so abgestützt, dass er nicht verrutscht, wenn dein Pferd sich dagegendrückt.

Ich wähle für Großpferde in der Regel einen Quaderballen, für Shettys und andere Minis muss man schauen, ob eine Gartenbank stabil genug ist, bzw. ein alter Sessel o. Ä. In jedem Fall muss die Sitzfläche breit genug sein, damit dein Pferd ein Hinterbein komplett darauflegen könnte und der ganze Hintern Platz findet.

Beteiligte Muskelgruppen beim „Sitzen auf einem Gegenstand".

SO GEHST DU VOR

Du beginnst nun damit, dein Pferd rückwärts gegen den Gegenstand zu schieben. Sobald ein Hinterbein den Gegenstand berührt, gibt es das erste Leckerli. Das wiederholst du solange, bis dein Pferd von allein rückwärts zu dem Gegenstand läuft und beide Hinterbeine dagegen drückt, um ein Leckerli zu bekommen.

Als nächstes schiebst du sehr langsam nur die Vorderbeine nach hinten. Das sorgt dafür, dass die Hinterbeine nach und nach immer mehr Druck gegen den Gegenstand bringen.

Es dauert eine Weile, bis die Pferde bei größer werdendem Druck gegen den Gegenstand, aufhören, diesem auszuweichen, sondern erste Versuche machen, ein Hinterbein mit dem Sprunggelenk auf den Gegenstand zu legen. Wenn dies gelungen ist, wird dein Pferd schnell die ersten Versuche machen, sich auf dieses Hinterbein hinzusetzen. Das zweite Hinterbein wird dabei in der Regel nur durch das Hinsetzen selber vom Boden angehoben.

Auch wenn das „Sitzen auf einem Gegenstand" etwas Zeit in Anspruch nimmt, ist das Training zum Erarbeiten dieser Übung genau wie oben beschrieben einfach mit Geduld zu wiederholen. Wie lange dein Pferd benötigt, um die ersten Sitz-Versuche zu unternehmen, ist individuell.

01

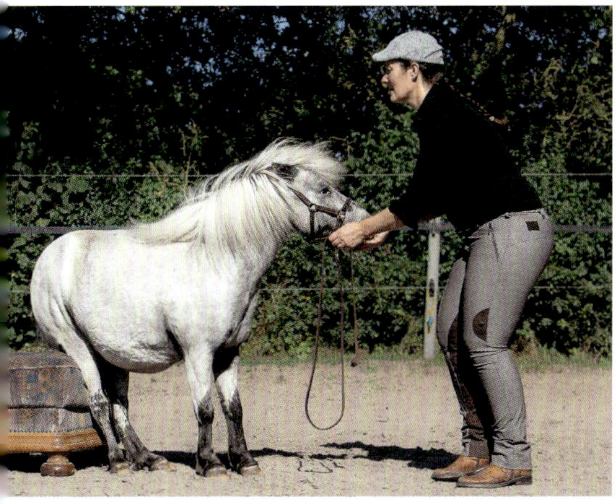

02

03

01 – 03
Rückwärts heranführen an den Gegenstand und langsam dagegen schieben.

MUSKULÄRE ZUSAMMENHÄNGE

Bei dieser Übung wird die Schulter ähnlich belastet, wie im Sitzen auf dem Boden. Allerdings tatsächlich etwas weniger, da die Hüfte bereits etwas angehoben ist durch den Gegenstand. Insgesamt ist die Belastung der Hinterhand beim Sitzen auf einem Gegenstand geringer, als beim Sitzen auf dem Boden. Dieses Sitzen eignet sich also besonders für Pferde, die Schwierigkeiten beim Sitzen auf dem Boden haben.

BETEILIGTE MUSKELGRUPPEN

- Lateraler Kopf des dreiköpfigen Armmuskels *(caput laterale M. tricipitis brachii)*
- Radialer Strecker des Vorderfußwurzelgelenks *(M. extensor carpi radialis)*
- Zweiköpfiger Armmuskel *(M. biceps brachii)*
- Arm-Kopfmuskel *(M. brachiocephalicus)*
- Deltaförmiger Muskel *(M. deltoideus)*
- Untergrätenmuskel *(M. infraspinatus)*
- Schulter-Querfortsatzmuskel *(M. omotransversarius)*
- Brustportion des rautenförmigen Muskels *(M. rhomboideus thoracis)*
- Halsportion des rautenförmigen Muskels *(M. rhomboideus cervicis)*
- Trapezmuskel *(M. trapezius)*
- Thorakolumbale Faszie *(fascia thoracolumbalis)*
- Gesäßfaszie *(fascia glutea)*

01

STEIGEN

Benötigte Utensilien: Halfter, längerer Strick, Leckerlis

Ich lehre das Steigen als „Ausweichreaktion", um Aggressionen in dieser Übung zu vermeiden. Außerdem lernen die Pferde mit meiner Methode, sich in den Hanken zu beugen und reell Gewicht am Hinterbein aufzunehmen und nicht einfach nur hoch zu hüpfen. Bitte mach dir immer bewusst, dass es ein relativ hohes Maß an Druck bedarf und viele Fehler gemacht werden können. Bitte nimm meine Warnung ernst und erarbeite das Steigen nur, wenn du völlig sicher bist, dass du dich vor einem steigenden Pferd nicht fürchtest und dein Verhältnis zu deinem Pferd stabil ist. Innerhalb meiner Kurse mache ich die ersten Schritte zum Steigen immer selber. Zum einen habe ich so die Möglichkeit, zu testen, ob und in wie fern das jeweilige Pferd Tendenzen zum Steigen zeigt. Zum anderen vermeide ich so, dass das Pferd den Druck vom Besitzer eventuell falsch verstehen könnte.

SO GEHST DU VOR

Das Steigen kann provoziert werden, indem das Pferd mit der Gerte ins Rückwärts geschickt wird und gleichzeitig mit dem Strick eine Rückwärtsbewegung verhindert bzw. eingeschränkt wird.
Häufig weichen die Pferde dann erstmal seitlich aus. Dies kann verhindert werden, indem man das Pferd auf der ausweichenden Seite längsseits zum Zaun/der Bande stellt. Hier musst du aber aufpassen, dass dein Pferd nicht die Idee bekommt, durch dich hindurch zu laufen. Sollte dies der Fall sein, brich die Übung lieber ab.
Der Wunsch ist, dass dein Pferd Ideen entwickelt, seitlich mit den Vorderbeinen weg zu hüpfen. Jede Tendenz zum Anheben der Vorhand muss hierbei bereits gelobt werden, um ein Verständnis deines Pferdes zu entwickeln.

02

01 – 03
Oldenburger Wallach Farbenfroh beim Steigen.

03

KURZE ÜBUNGSEINHEITEN

So sind auch die Reprisen, in denen ich Druck mache, immer nur sehr kurz. Zu Beginn lobe ich ein Rückwärts-Ausweichen, dann eine seitliche Ausweichbewegung. Und zum Ende erhöhe ich vorsichtig den Druck so weit, dass ich das erste Hochhüpfen der Vorderbeine bekomme.

Bei dieser Arbeit ist es entscheidend, dass immer so wenig Druck wie möglich gemacht wird. Ein wenig zu viel Druck kann eine Flucht- oder Angriffsreaktion hervorrufen. Man kann sich vorstellen, dass dadurch gefährliche Situationen entstehen können! Schaue also immer, ob dein Pferd dich versteht oder ob es ihm unangenehm ist.

Lass dir auch Zeit damit, ein hohes Steigen zu erarbeiten.
Ein niedrigeres Steigen bietet viele Vorteile:
— Du und dein Pferd können sich an diese Übung gewöhnen
— Dein Pferd kann nach und nach Kraft aufbauen
— Es ist wesentlich ungefährlicher, als ein hohes Steigen
— Hohes Steigen kann daraus erarbeitet werden

Aber egal ob dein Pferd ein niedriges oder hohes Steigen anbietet oder gelernt hat, halte immer genug Abstand zu deinem Pferd. Es kann vorkommen, dass dein Pferd aus Übermut mit den Vorderbeinen strampelt. Damit es dich dabei nicht treffen kann, musst du wenigstens eine Gertenlänge Abstand halten. Sei auch vorsichtig mit dem Strick, damit er nicht unter die Vorderbeine gerät.

MUSKULÄRE ZUSAMMENHÄNGE

Beim Steigen wird der gesamte Körper beansprucht. Die Pferde müssen einiges an Energie aufwenden, um sich vom Boden hoch zu drücken. Sie benötigen Kraft, um die Balance zu halten. Das Anwinkeln der Vorderbeine, das Verschieben des Gewichts auf die Hinterhand; all das kostet Kraft. Aus diesem Grund sollte man das Steigen auch nicht zu häufig hintereinander abfragen.
Bei Pferden, die das Steigen gern als Widersetzlichkeit nutzen, kann eine sehr häufige Wiederholung des Steigens allerdings zu Verbesserung dieses Verhaltens führen. Wichtig ist aber, dass niemand im Umgang Angst vor dem Steigen hat. Keinesfalls sollte das Steigen für irgendjemanden im Alltag gefährlich werden.

Der Abstand zum steigenden Pferd ist wichtig für den Selbstschutz.

1 Äußerer schräger Bauchmuskel
2 Gesäßfaszie
3 Thorakolumbale Faszie
4 Oberflächlicher Kruppenmuskel
5 Äußerer schiefer Bauchmuskel
6 Zweiköpfiger Oberschenkelmuskel
7 Halbsehniger Muskel
8 Spanner der Oberschenkelfaszie
9 Langer Zehenstrecker
10 Tiefer Zehenstrecker

BETEILIGTE MUSKELGRUPPEN

- Schneidermuskel *(M. satorius)*
- Äußerer schräger Bauchmuskel *(M. obliquus ext. abd.-aponeurosis)*
- Gesäßfaszie (fascia glutea)
- Thorakolumbale Faszie *(fascia thoracolumbalis)*
- Oberflächlicher Kruppenmuskel *(M. gluteus superficialis)*
- Spanner der Oberschenkelfaszie *(M. tensor fasciae latae)*
- Zweiköpfiger Oberschenkelmuskel *(M. biseps femoris)*
- Halbsehniger Muskel (*M. semitendinosus)*
- Spanner der Oberschenkelfaszie *(M. tensor fasciae latae)*
- Langer Zehenstrecker *(M. extensor digitorum longus)*
- Tiefe Beugesehen *(M. flexor digitorum profundus)*
- Oberflächlicher Zehenbeuger *(M. flexor digitorum superfcialis)*
- Wadenmuskel *(M. gastzrocnemius)*

SCHLUSSWORT

Wer die Masterclass erreicht hat, kann sich guten Mutes als „Zirzensik-Profi“ bezeichnen. Liegen, Steigen und Sitzen sind die Übungen, die in jedem Zirzensik Kurs gewünscht werden. Diese Tricks ohne Zwang, Druck oder Gewalt beizubringen, können aber nur wenige. Du darfst dich jetzt dazu zählen. Wenn du gut darauf geachtet hast, ob dein Pferd dich verstanden hat und ob eine Überforderung droht, um Pausen im richtigen Moment zu machen, kannst du diese Arbeit auch auf andere Trainingssituationen, zum Beispiel beim Reiten übertragen.
Wie ihr sehen könnt, ist die Zirzensik nicht nur ein Spaß für Freizeitpferde, sondern kann jedem Pferd, jeden Alters und Ausbildungsstandes helfen. Der Wert jeder einzelnen Übung auch für das tägliche Training ist immens. Und neben der körperlichen Komponente kann die Zirzensik jedes Pferd auch mental stärken. Ein gutes Fehlermanagement zu erlauben und zu erlernen, kann dich auch in anderen Ausbildungsbereichen unterstützen und schnellere Erfolge bringen. Was du und dein Pferd von der Arbeit an Zirzensik-Lektionen also mitnehmen könnt, geht weit über ein „bisschen Spielerei“ hinaus und wird sehr unterschätzt.
Ich wünsche mir mit diesem Buch, einen Teil dazu beitragen zu können, die Zirzensik aus ihrem „Schattendasein“ herauszuholen und möglichst jedem Pferd, jeder Sparte der Pferdeausbildung und jedem Pferdemenschen den Mehrwert klar zu machen.
Tatsächlich war die Zirzensik seinerzeit sogar Teil von Hengstkörungen. Alle Hengste konnten frei auf ein Podest steigen, Kompliment, Knien, Ablegen, Sitzen. Dies sogar teilweise unter dem Reiter. Mit der Zeit verlor aber sowohl die Freiarbeit, als auch die Zirzensik an Bedeutung. Heutzutage gilt sie, besonders unter Turnier- und Profireitern, aber auch bei Züchtern als unnötig oder sogar gefährlich. Solange aber keine Hilfsmittel, wie z.B. Beinlongen, eingesetzt werden und die körperlichen und psychischen Grenzen der Pferde beachtet und eingehalten werden, ist die Zirzensik einfach großartig und wertvoll für den Körper, die Psyche und die Bindung.
Ich denke, dass Zirzensik nicht nur nötig, sondern auch wichtig ist und hoffe, dass ihre Bedeutung und Ernsthaftigkeit wieder zunimmt.

Solltet ihr Fragen haben, dürft ihr euch gern bei mir melden. Manchmal gibt es während der Arbeit individuelle Lernschritte, die nicht in einem Buch besprochen werden können. Es ist natürlich möglich, Kurse, Online-Unterricht und Vorträge mit mir zu buchen.

Meine Kontaktdaten findet ihr auf meiner Homepage
www.klassische-Reitausbildung-Ilka-Stehn.de
www.classic-hose-shop.com

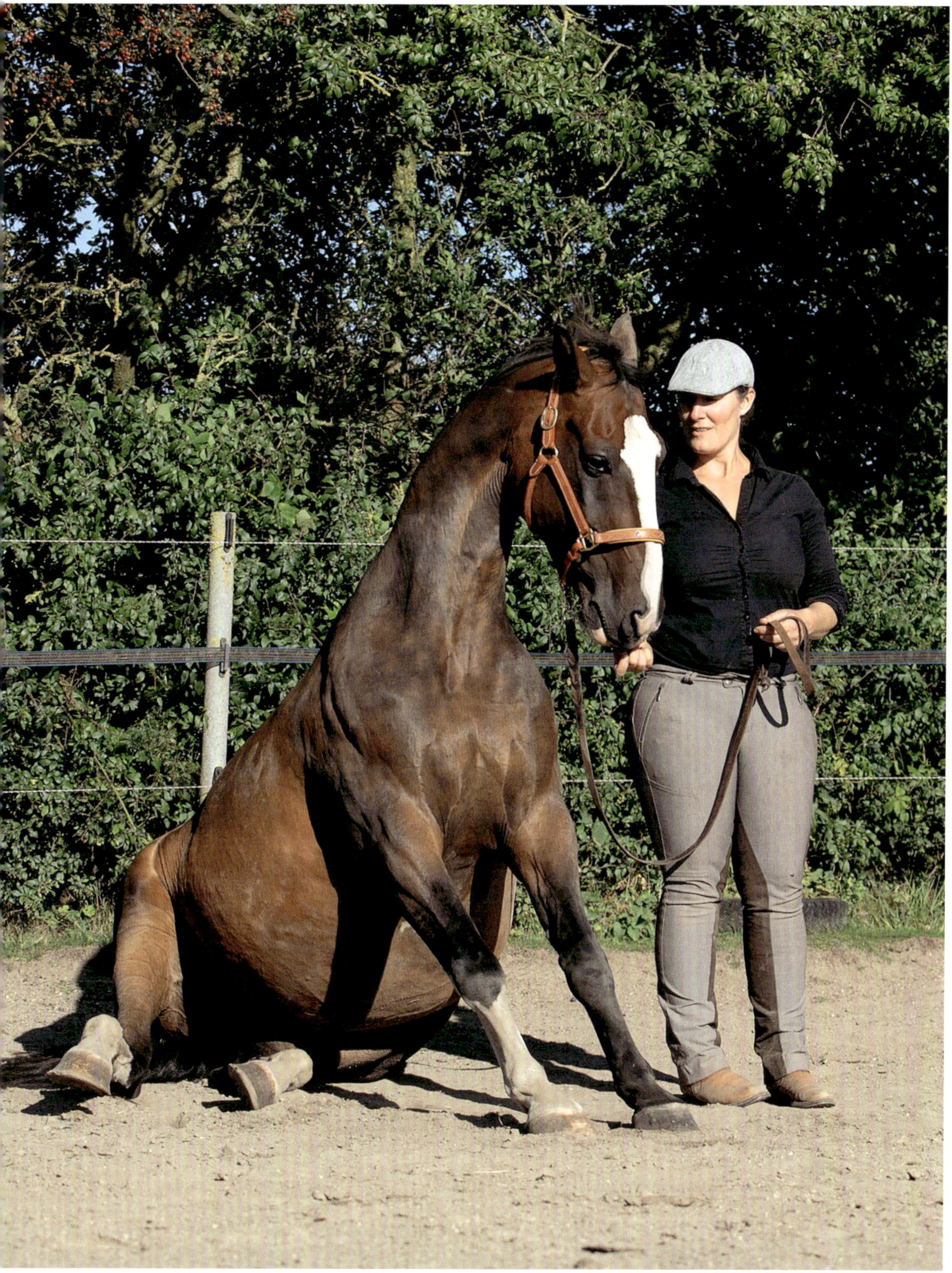

BILDNACHWEIS

118 Fotos erstellte Julia van Loo für dieses Buch. Zwei weitere Fotos von Xenia Winterberg (S. 6) und Magdalena Stockschläder/www.hundertblicke.eu (S. 61).

Mit 10 Illustrationen von S. Rose Charvat.

IMPRESSUM

Umschlaggestaltung von Graphik Design Claudia Adam, Bad Kreuznach, unter Verwendung von 7 Fotos von Julia van Loo, 1 Foto von Magdalene Stockschläder/www.hundertblicke.eu (vordere Umschlagklappe außen) und 4 Fotos von Julia Adams/2-special Fotografie (hintere Umschlagklappe innen).

Mit 132 Farbfotos und 10 Zeichnungen.

Unser gesamtes Programm finden Sie unter **kosmos.de**.
Über Neuigkeiten informieren Sie regelmäßig unsere Newsletter, einfach anmelden unter **kosmos.de/newsletter**

Gedruckt auf chlorfrei gebleichtem Papier

ISBN 978-3-440-18221-5
Redaktion: Katja Pauls
Gestaltungskonzept: Peter Schmidt Group GmbH, Hamburg
Gestaltung und Satz: Atelier Krohmer, Dettingen/Erms
Produktion: Claudia Frank
Druck und Bindung: Westermann Druck Zwickau GmbH, Zwickau
Printed in Germany/Imprimé en Allemagne

FSC
www.fsc.org
MIX
Papier | Fördert gute Waldnutzung
FSC® C110508